U0133703

# 四季养兰要诀

凌 华/编著

海峡出版发行集团
THE STRAITS PUBLISHING & DISTRIBUTING GROUP

福建科学技术出版社
FUJIAN SCIENCE & TECHNOLOGY PUBLISHING HOUSE

**图书在版编目（CIP）数据**

四季养兰要诀 / 凌华编著. —福州：福建科学技术
出版社, 2019. 10
　ISBN 978-7-5335-5928-1

　Ⅰ.①四… Ⅱ.①凌… Ⅲ.①兰科 - 花卉 - 观赏园艺
Ⅳ.①S682.31

　中国版本图书馆CIP数据核字（2019）第121382号

| | |
|---|---|
| 书　　名 | 四季养兰要诀 |
| 编　　著 | 凌　华 |
| 出版发行 | 福建科学技术出版社 |
| 社　　址 | 福州市东水路76号（邮编350001） |
| 网　　址 | www.fjstp.com |
| 经　　销 | 福建新华发行（集团）有限责任公司 |
| 印　　刷 | 福建彩色印刷有限公司 |
| 开　　本 | 700毫米×1000毫米　1/16 |
| 印　　张 | 8 |
| 图　　文 | 128码 |
| 版　　次 | 2019年10月第1版 |
| 印　　次 | 2019年10月第1次印刷 |
| 书　　号 | ISBN 978-7-5335-5928-1 |
| 定　　价 | 39.00元 |

书中如有印装质量问题，可直接向本社调换

# 序

  近些年，随着国民经济和社会事业的快速发展，兰花事业也有长足进步。在我们浙江，养兰队伍不断壮大，莳养规模不断扩大，植兰技术不断提高，兰花品位不断提升，兰事活动愈加频繁，兰市交易愈加活跃，兰业发展愈加迅速，经济效益更为显著。养兰已成为城乡居民增收致富的一条途径，赏兰也成了一种高雅的休闲方式。但是不少新兰友缺乏兰花种植技术和经验，养不活，种不好，苦于无人指导、帮助；而目前有关兰花方面的书籍，多以介绍品种为主。凌华编著的《四季养兰要诀》，从介绍养兰基本方法入手，将老谚语与新经验结合起来，养兰要点按四季顺序分别讲解，图文并茂，初学养兰者从中可学到一个完整的养兰方法；书中还将目前四季养兰遇到的常见问题以表格形式列出，便于读者查阅。此外，书中还介绍了近些年选育的30多种人工杂交品种，供广大兰友欣赏。

  养兰是一种自我完善、自我提高的过程，任何一本书、任何一条养兰经验只有结合自己的具体情况予以实践，才能探索出最有效、最适合自己的方法。希望广大兰友阅读本书后，根据自己的条件，潜心摸索，莳养出最壮最美的兰花。

浙江省花卉协会兰花分会会长 赵大兰

# 前　言

　　近年来，随着爱兰群体的日益壮大，养兰已不仅仅是一种自娱的休闲方式，事实上已形成了一种投资的热潮，发展成 一个新的"朝阳产业"。兰友们在玩兰的同时也总结出了许多成功的经验，归纳起来就是"十五字秘诀"，即"买得准，养得好，守得牢，信息灵，信用佳"。其中"养得好"是基础与关键。只有把兰花养得花繁叶茂，才能谈得上经济效益。

　　一年四季中，温湿度及光照情况等差异极大，同时兰花处于不同的生长发育期，因此必须采取不同的管理措施，以满足兰花生长对外界环境的需求。本书就是介绍四季养兰的关键技术，解决养兰者在四季养兰过程中遇到的难题。

　　这本书是笔者参与编写的第四部兰书，也是我遇到的编写难度最大的一部兰书。按照福建科学技术出版社编辑的要求，凡书中有关鉴赏特点与栽培技术的操作过程都必须以高清晰度的照片展示，这么做工作量大，技术要求也非常高，收集素材更是十分困难。开始时因畏难而数次推却，但编辑的盛意难却，最终勉力受之。经过半年多辛勤工作，终于完成了编写任务。

　　本书采取现代养兰新技艺与历代经验性的兰谚相结合的写作办法，尽量做到以图说文，以方便广大农村与山区的兰友及老年兰友阅读，也利于初学者更好地掌握养兰的各个关键环节。同时，为了让更多的兰友了解近年来用科技手段杂交培育出来的兰花新品种，本书还介绍了部分春兰杂交精品。

　　本书的出版得到了福建科学技术出版社的重视与支持，也得到了刘清涌、陈少敏、卢秀福、王德仁、罗磊的关心与帮助。在写作过程中，许森、钟勇军、吴一平、施和跃与陆松贤等还专程赶赴各地拍摄了许多照片，使本书介绍的兰花名品以新花为主，增强了本书的观赏性与可读性；此外，李映龙、吴立方、陆明祥、胡钰、刘振龙、杨开、温晓春、魏昌等兰友也为本书提供了精美的兰花照片，在此一并表示诚挚的谢意！由于我们的水平有限，书中难免存在差错与失误之处，敬请兰界朋友批评指正。

凌　华

# 目 录

## 四、冬季养兰

## 五、兰花名品鉴赏

# 一、春季养兰

"一年之计在于春。"春天来临，万物复苏，兰花爱好者在新的一年中要添置哪些设施、引进哪些品种、怎样改进管理方法等都必须在此时有一个总体的策划或设想。每年的春季是养兰者最繁忙的时候，也是最快乐的时候。春暖花开，要适时搬出入室越冬的兰花，认真准备参展的品种，精心选购品种……要做的工作真是千头万绪，所以必须抓住重点，妥善安排，逐一落实。春季养兰的重点工作是：选花选草，翻盆分株，护花育苗，预防病虫。

## （一）选花选草

春季选花既指挑出开品好的品种参加一年一度兰花展览，也指选购良好的兰花品种。在我国，兰花的首选标准就是要香气醇正，不香的兰花兰友大都不喜欢。其次就是看花形是否符合传统规范及民间约定俗成的欣赏标准，符合基本条件者称为入品。对照各项标准符合的条件越多，则赏点也越多，兰花的品位也就越高。

### 1. 兰花入品的基本条件

兰花是否入品一般可以从 4 个方面来看。

（1）看捧瓣（花瓣）。如捧瓣发生雄性化，即瓣端增厚并起白峰或起兜，

梅瓣（春兰宋梅）

水仙瓣（春兰龙字）

那基本上是属于梅瓣或水仙瓣。捧瓣一般以短阔、兜深、质糯、紧边为好。

（2）看外三瓣（萼片）。外三瓣以宽阔短圆为好。如属于梅瓣或水仙瓣，外瓣短圆并收根紧边的，品位较一般的更高。如属于荷瓣，外三瓣要求短阔并收根放角，否则只能归于荷形花，甚至普通花。

荷瓣（春兰大富贵）

荷形（春兰黄荷）

（3）看瓣数和瓣的质地。如瓣数多于五瓣，则为奇花。如瓣质部分或全部唇瓣化（又称为蝶化，即变异成与舌头相似），则为蝶花。这类花以瓣多蝶多、对称整齐、不杂不乱、整体布局合理、大方美观者为好。

龙头形奇花（春兰新品）

荷瓣奇花（春兰绿云）

蝶花（春兰四喜蝶）

（4）看花的色彩。自古以来兰花的颜色以素雅清纯为好，而现代养兰人也追求色彩艳丽者。但无论花是什么颜色，都要求色彩鲜明洁净，色浊则品位降低。全花都是同一种颜色或仅舌为纯净一色，均称为素心。素心可分为4种：①舌为白色，无杂色，或全花清一色（称为全素）。过去只有绿花白舌与白花白舌两种色彩的素花，近几年出现了黄素、红素、黑素等。②舌上除均匀布有浅淡红晕外，无其他杂色，称艳口素。③舌纯色，但舌根两侧有红斑，称桃腮素。④舌纯白，但花瓣或苞壳上有杂色，称麻壳素。如果花朵的颜色并非常见的绿色，色彩艳丽或一瓣多色，称为色花或复色花。

素心（绿花白舌）

素心（白花白舌）

素心（红花白舌）

素心（黄素）

素心（黑素）

艳口素

桃腮素

麻壳素

色花（春兰香朱金）

复色花（春兰新品）

## 2. 下山草与传统草的辨别

购买兰草时，常需要对下山草、传统草进行辨别。下山草与传统草的辨别可以从以下4个方面入手。

（1）看草气。看兰草也像看人一样，刚下山的生草与养过的熟草气质完全不一样。下山草有一种山野气息，草形粗犷、野气；老草特别长，与新苗的品相差距很大。传统草却显得形态柔美，草形整齐秀气，井井有条；多年的老草与新草的品相差距不大。

下山草形态粗犷野气

传统草形态柔美，叶面光洁

（2）看脚壳。刚下山的生草历经山野的风霜雨雪，大多数老苗的脚壳干枯零乱，长短不一；而传统草由于栽培环境优越，脚壳大多保存完好，即使已枯萎的脚壳也是长短大小相差无几，形态整齐而不乱。

下山草脚壳枯萎零乱

传统草脚壳洁净且不乱

（3）看叶片。长在向阳处的下山草叶色苍老偏黄，叶质粗糙厚硬；长在阴谷处的下山草叶片瘦长软弱，叶质较薄，叶色深绿，有的叶面还长有青苔。而传统草的叶质厚糯细润，叶面光洁，筋骨气较好。

长在阴谷处的下山草叶色深绿

长在向阳处的下山草叶色偏黄

传统草叶质厚糯细润，叶面光洁

（4）看兰根。下山草生长于荒山野岭，根系零乱，根弯弯曲曲，表面往往凹凸不平，苍劲老气，多数根横向生长，断根较多。传统草经过长期栽培，根系完整，新根圆润，根较长而向下生长。

下山草根大多横向生长且零乱

传统草根向下生长且规整

### 3. 返销草与传统草的辨别

返销草是指来自我国台湾及韩国、日本等地的传统品种。许多兰友都喜欢土生土长的传统草，而不喜欢远道而来的返销草。原因是返销草的栽培方法与中国大陆有所区别，兰花买回来后需要一个栽培适应期，特别是经过了长途运输后兰根或多或少地受到损伤，兰苗的复壮会受到一定影响。但是，如栽培得法，大部分生长良好。返销草与下山草容易区别。因为返销草的栽培环境优越，长得比下山草更为鲜嫩水灵，一眼就能够看出来。但返销草与栽培良好的传统草就比较难区别了，不过，也可以通过以下3点来辨识。

（1）传统草的叶面较暗，而返销草叶面比较鲜亮。

（2）传统草的老苗脚壳常枯萎，而返销草的脚壳大多嫩绿完好。

（3）传统草的根圆润壮实，弯曲自然，而返销草的根系呈直筒形，根白嫩表面凹凸不平，

传统草叶面稍暗

返销草叶面鲜亮

传统草脚壳常枯萎

返销草脚壳大多嫩绿完好

传统草根圆润，弯曲自然

返销草根白嫩挺直，表面凹凸不平

且因经过包装和长途运输基本上呈半干瘪状。

### 4. 下山草的挑选

如果兰花有花蕾，但尚未开花，那就要看蕾识别。最好挑选圆壮紧实，或头圆而上部空透、苞壳呈鹊嘴形的花蕾，这种花蕾容易出荷瓣花、梅瓣花、奇花等上品位的好花。

春兰荷瓣花蕾（圆壮，顶部紧实）

蕙兰荷瓣花蕾（圆壮、头尖、瓣宽）

春兰梅瓣花蕾（中下部圆实，苞壳顶部形如鹊嘴且中空）

蕙兰梅瓣花蕾（扁圆、短宽）

春兰奇花花蕾（鹊嘴形，中下部壮实）

蕙兰奇花花蕾（无明显特征）

如果兰花没有花蕾或花朵，那么要从中选到好花，必须从以下几个方面去挑选：①选兰叶厚润，顶部钝圆，直立起兜，或叶片肥环，中部宽阔而呈鱼肚形，边齿短钝的兰草。此类兰草易出荷瓣花。②选叶质细腻，叶尾呈承露形，叶质筋骨气好，边齿短钝或峰毛较长，且齿间断续而不规则，新叶叶尖起白峰的兰草。这类兰草容易出梅瓣花或水仙瓣花。③选叶瘦脚细，侧脉透明，叶筋偏斜，质糯而有筋骨，边齿断续或齿端呈弯钩

兰叶厚润，直立起兜，易出荷瓣花

兰叶为鱼肚形肥环叶，顶部钝圆，易出荷瓣花

叶质细腻，有筋骨，易出梅瓣花或水仙瓣花

叶面出蝶（叶蝶），易出蕊蝶花

新叶尖端起白峰，易出梅瓣花或水仙瓣花

兰叶侧脉透明，质糯而有筋骨，易出蝶花或奇花

状的兰草。此类兰草容易出蝶花或奇花。此外，叶形短阔、扭曲或刚劲直立，叶背中脉有齿（俗称"三面齿"），叶面出艺、出蝶或出水晶等有特点的兰草，栽培前景也较好。但察叶辨花的难度较大，不论具备何种特征的兰草，出好花也仅有一定的概率，没有绝对的把握。

购买下山蕙兰必须见花后再买，因为蕙兰从小排铃到开花，其花形变化很大，剥蕾看花往往看不准花品。但如草形特异，价格特别便宜，也不妨试一试。选草时应挑叶质细腻、厚糯、筋骨气好、叶脉不要过于清晰透明的蕙兰。叶脉过于透明，往往叶质薄而粗糙，难出好花。

寒兰的瓣形花极少，所以欣赏观点也与其他兰花有所不同：一是看色，以色彩艳丽为美。二是看舌，以舌大而圆、舒而不卷为佳。三是看素，以清雅为上。四是看神，以平肩、舒展、清秀、神韵灵动为妙。五是看奇，以奇花或蝶花为好。

湖北、河南春兰多数叶脉透明，花少香

寒兰以色彩艳丽为美（杨和平供照）

寒兰以舌大而不卷为佳（温建龙供照）

寒兰以神韵秀雅为妙（吴立方供照）

莲瓣兰主要产于云南省山区，花香清纯，几乎没有不香的。初学者如要购买行花，只要到花市上挑选无病虫害，根、叶、花皆完整美观的就可以了。但如想选高档的好草，草形很难辨别，必须见花后购买。莲瓣兰的素心花质感特别透亮，受人喜爱，其看蕾选花的方法与春兰相似。

春剑的花香气清纯而稍淡。春剑看草方法基本类似春兰，主要看叶片头形，如叶头圆、宽、起兜（承露形）、叶尾上扬（俗称"龙抬头"）、叶尖呈燕尾状，则有可能出好花。当然，也只是有一定概率，没有绝对把握。

莲瓣兰素心花似有冰肌玉骨之感（杨开供照）

春剑叶尾起兜，可望出好花

春剑叶尖部呈燕尾状，可能出好花

春剑叶尾上扬，可能出好花

## （二）翻盆分株

### 1. 翻盆分株的时间

江南一带传统上认为最佳翻盆时间是春分前10天前后与白露后10天前后，也有人将兰花花谢之时作为翻盆的最佳时间。现代温室养兰，只要养兰环境的最高温度不高于25℃，最低温度不低于8℃，一年四季都可以翻盆。

### 2. 兰盆的选择

一般采用瓦盆、汗砂盆、紫砂盆、陶盆等。如地面养兰可选透气性好的兰盆，楼层养兰可采用质地细腻美观的兰盆。

盆的大小应与兰株大小搭配协调，以兰盆口径占兰花叶幅的1/3~1/2为宜。盆稍小点，植料较省，透气沥水，可避免积水，外观也比较协调美观。为了管理方便，在同一兰园最好采用同一种兰盆。

温室养兰或规模化养兰，在兰花生长期间，可用塑料盆莳养，开花期再套陶瓷盆供观赏。这样不用配备很多高档盆，可节省成本，也有利于日常管理。

紫砂盆　　汗砂盆　　瓦盆

地面养兰宜采用透气性好的兰盆

楼层养兰可采用质地细腻美观的兰盆

规模化养兰可采用塑料盆

### 3. 植料的选配

植料的选配是种好兰花的关键环节。兰花对植料的适应性较广，凡是疏松透气、酸碱性适中（pH 5.5~6.5）的植料均可使用，如黑山泥、泥炭、腐殖土、松针土、蛇木、花生壳、草炭、苔藓、树皮、火山石、风化岩、锰砂等都可以作为培养基质。现代有不少人工开采或专门制作的植料，如仙土、植金石、塘基石、陶粒等，目前已经普遍在各地兰园中使用。以上植料大多可以混合使用，也可以单独使用。

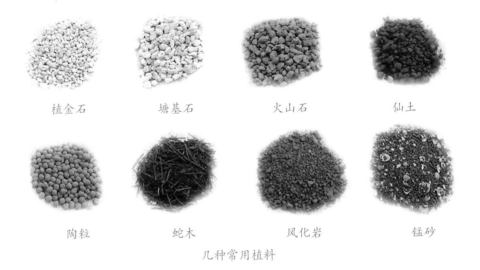

| 植金石 | 塘基石 | 火山石 | 仙土 |

| 陶粒 | 蛇木 | 风化岩 | 锰砂 |

几种常用植料

实践证明，以下 3 个植料配方（原料份额均指体积）用于封闭或半封闭养兰，效果较好。一是采用仙土 30%、植金石（经济起见可用塘基石代替）50%、黄泥烧制的陶粒 20%，混合使用。二是采用仙土 30%、植金石 70%，混合使用。三是采用草炭 30%、珍珠岩 30%、松树皮（充分发酵）20%、植金石（直径 1~1.5 厘米）20%，混合使用。兰盆底部透气基础层（2~3 厘米厚），可用板

| 仙土 | 植金石 | 陶粒 |

养兰配方一（仙土 30%+ 植金石 50%+ 陶粒 20%）

仙土　　　　　植金石

养兰配方二（仙土 30%+ 植金石 70%）

栗大小的植金石与等量同样大小的泡沫塑料块或木炭混合。盆面铺盖层（2~3 厘米厚），可用稍细的植料，加 5%~10% 的蛇木或草炭。蛇木混用于表层，不容易发霉长毛，两三年不换植料也没问题。

有的台湾兰家采用直径 1~2 厘米的小石子 80%、椰子壳或花生壳 20% 混合作植料，平时施用配制的营养液，效果也不错。

江南有些兰农就地取材，采用山上的风化岩 40%、发酵过的锯末 40%、红砖碎 15%、疏松的黄泥 5% 混合作植料，养的兰花也根壮叶旺。

草炭　　　　　珍珠岩

松树皮　　　　植金石

养兰配方三（草炭 30%+ 珍珠岩 30%+ 松树皮 20%+ 植金石 20%）

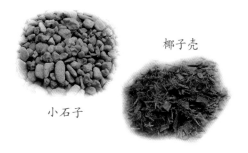

椰子壳

小石子

台湾兰家用小石子 80%、椰子壳 20% 混合作植料

风化岩　　　腐熟锯末　　　红砖碎　　　疏松黄泥

江南兰农用风化岩 40%、腐熟锯末 40%、红砖碎 15%、疏松黄泥 5% 混合作植料

不少西部兰友用消毒后的腐殖土，再掺入20%的植金石或火山石（也有的用陶粒或砖碎）作植料，用砖碎或陶粒等粗颗粒植料覆盖表层，养出的兰花根壮叶茂。过去，有些西部兰友一直以为莲瓣兰应以腐殖土为主，春剑应以粗颗粒或沙土为主，后来有人将植料互换试用，兰花也照样长得很好。由此可见，兰花是适应性很强的植物，在养兰植料上不必强求某一配方，可以因地制宜地选择植料。

用腐殖土养出的兰根壮旺

不过，有一点必须特别注意，封闭或半封闭兰园，因通风条件受限，一般适宜用粗植料莳养，而且使用前最好筛洗去其中粉末，以免影响透气。

粗植料使用前应筛去粉末

如在开放空间养兰，用细土或粗土作植料均可，但在管理上必须严格区别对待。粗土宜偏湿管理，俗称"湿管"。粗植料中所含水分在60%~75%（盆面下1厘米左右已显干色）时最佳，含水量50%（盆面下2厘米左右已显干色）时就应该及时浇水，含水量不能低于40%（盆面下3~4厘米已显干色，相当于"三分干"）。细土宜偏干管理，俗称"干管"。植料含水量50%~70%时最佳，含水量达40%时就应浇水，含水量不能低于30%（盆面下4~5厘米已显干色，相当于"四分干"）。

在选用植料时，务必注意以下5点。

（1）仙土用前必须充分浸泡，务必使其吸饱水分。这一点非常重要。干的仙土首次吸水过程非常缓慢，需24小时以上。如植料没吸饱水分，上盆后势必继续吸水，甚至从其他植料与兰根中吸收水分，容易造成植料过干，导致兰根受伤。仙土最好浸泡3天以上，并洗去浮土，以免肥性过重。

仙土应浸泡3~5天后使用

（2）植料中切不可拌一般肥料，因为有些无机肥料偏酸性或偏碱性。未腐熟的有机肥料埋在土中，还会引起发热，势必伤根。

（3）最好2~3年翻盆1次，通过更换盆内植料，促使植料疏松透气，更有利于兰花生长。换下的旧料不宜再用。因为经过长

免深耕 　　　　　　　　噁霉灵

期栽培，植料势必改变性质，往往过酸或积累了有害毒素。如一定要利用旧植料，必须将其进行严格处理，方法是：将换下的无病菌的旧植料集中堆放，先用免深耕稀释液浇透；2天后用噁霉灵稀释液浇透；隔3天后再用清水洗净、晒干备用。

（4）在同一兰场，应选用同种植料，以方便水分管理。

（5）不同种类的兰花对植料大小要求有所不同。一般用于墨兰的植料相对要粗些，用于春兰的植料相对要细一些。

### 4. 浅盆种植法

（1）准备好植料，如仙土、植金石、陶粒、蛇木等。

仙土 　　　　　　植金石 　　　　　　陶粒 　　　　　　蛇木

配备好植料

（2）将选好的兰盆洗净，在盆底排水孔盖上底罩或瓦片，铺上一层碎石粒，厚度为2~3厘米，以增强透气性和排水性，并防止兰根从盆底伸出。然后放一层直径3~4厘米的泡沫塑料块或木炭。

用清水洗净兰盆

用底罩盖住盆底

铺上石子 2~3 厘米厚

放入泡沫塑料块

（3）先用打火机火焰消毒剪刀，然后用剪刀剪去枯叶与病叶，剪掉烂根；将根部放于水龙头下以慢水冲洗，切忌水压过强，以免冲伤兰根及兰叶；将兰株放阴凉处晾至根表面干后即可分株。一般3~4苗一丛。分株时应先认准假鳞茎之间的连接点（俗称"马路"），然后左右手各抓牢两边的假鳞茎（注意避免碰伤芽眼或折断兰根），将两边的假鳞茎逆向旋转，使连接点的"马路"松动。再用消毒过的小剪刀将连接点剪断，并在断层抹上炭粉与甲基硫菌灵（甲基托布津）各半混合的消毒粉。最后放阴处晾至兰根微软、剪口微干后就可以上盆了。

用打火机火焰消毒剪刀

剪去病叶

剪除烂根

用清水冲洗兰根

找准"马路"

抓住假鳞茎逆向扭动

用剪刀剪断连接点

在伤口抹上消毒粉（甲基硫菌灵等）

（4）用拇指和食指轻抓兰株假鳞茎，小指抵住盆沿，小心地将兰根放入盆内，以假鳞茎顶部低于盆口1~2厘米为宜。兰草居盆中央稍偏移老草方向，给新草留出生长的位置。注意避免碰伤芽眼，尽量不让兰根接触到盆壁。如用手放置不准，可以用竹筷辅助支撑定位。对于根系特别长的兰丛不要硬压入盆中，可轻抓兰草假鳞茎顺势向一个方向旋转，同时稍向下压，待假鳞茎比盆口略低（估计完全种好后植料表面比盆口沿低1~2厘米），即可加入植料。

如用手无法控制，可用竹筷支撑

在泡沫塑料块铺底层上填入粗颗粒混合植料

（5）在兰盆的泡沫塑料块或木炭铺底层上，先填入粗颗粒的混合植料，填至盆高 1/3 处。

（6）填入中粒混合植料至盆高 4/5 处（填至假鳞茎以下约 2 厘米处），让植料与兰根紧密接触。

填入中粒混合植料

（7）将竹筷拔出，用 3 个手指轻抓兰株假鳞茎（注意勿伤芽眼），扶正兰丛，并摇实盆中植料。

（8）最上面的铺盖层填入混有蛇木的较细颗粒植料，以将假鳞茎全部埋盖为宜，然后充分摇实。栽种兰花时不宜将假鳞茎埋得太深，否则会影响发芽率，且容易烂芽。兰谚说："兰花栽得好，风吹都要倒。"但是兰花的芽眼需要在黑暗中分化萌发，所以也不宜栽得太浅。

轻抓假鳞茎，扶正兰丛，并摇实植料

最上层填入混有蛇木的细颗粒植料

（9）用手指轻压盆面植料，并将表面整理成馒头形。然后在表面撒上一层黄豆大的砖碎或陶粒，以美化盆面。最后浇透定根水，并将盆兰放在阴处养护。20~30天后，再逐步让其见阳光，转入正常管理。

为美观起见，盆面上盖一层陶粒 　　　浇透定根水，放阴处养护

### 5. 深盆浅土种植法

老法养兰都将兰花莳养在室外，大多使用土瓦盆或土陶盆。这种盆的特点是透气性好，吸水性强，盆浅而容易干燥，平时盆面的植料与盆底的植料干湿度相差不大，管理上容易达到兰花生长所需要的"干干湿湿"的状态。然而许多现代的精品兰园，特别是家庭养兰，都喜欢使用深盆。其主要原因是深盆比较美观，特别是垂叶或矮种的兰草配上一个高脚深盆，有一种悬崖式盆景的意境，能给人一种"九畹光风转，重岩坠露香"的美感。此外，深盆不容易干燥，浇水次数可适当减少，管理起来省时省力，外出几天也比较放心。

土瓦盆 　　　　　　　　　　土陶盆

但是，深盆养兰也有一个较大的缺点，那就是由于盆深而植料厚，表层与底层的植料干湿程度相差很大，往往盆面植料"二分干"（盆面下盆高2/10处已转干色）处于最佳浇水状态时，此时深盆的中部以下可能仍然湿润，兰盆的

底部更是水分充足（底部容易出现久湿不干的状况）。如等到全部植料干，那又可能造成盆的上半部植料严重失水，影响兰苗的生长发育。

兰盆底部长期过湿容易造成烂根烂芽。有的盆兰往往上半年换过新植料后长势良好，根旺叶茂，而下半年就出现烂根现象；或换植料后第一年生长良好，而第二年就出现烂根现象。严重的甚至兰叶看

植料"二分干"是浇水的最佳时机

似完好，而兰根却已全部烂了。所以有不少兰家采用年年翻盆换土的方法。此法虽避免了烂根，但大大降低了植料的使用率（一般可以 2~3 年换 1 次植料），也添加了不少工作量。有效地解决这个问题的办法是采用深盆浅土种植法。此法可较好地避免深盆养兰可能产生的弊病，经不少兰友试用，效果良好。

深盆浅土种植法操作起来非常简单，主要采用植金石与泡沫塑料块垫底。具体做法是：收集家电的内包装用泡沫塑料，掰成直径 3~4 厘米的颗粒，与同样大小的植金石或木炭（也可以用塘基石或砖碎）各半混合作垫层。上盆时先在盆底铺上 5~6 厘米厚的垫层（约占深盆的 1/4），然后再开始填充配制好的植料。这样的底层就不会积水。

用作盆底垫层的泡沫塑料块

用泡沫塑料块与植金石各半混合作垫层

采用深盆浅土种植法有两个明显的好处：一是兰盆虽深，但盆中的植料却并不深，浇湿植料时水分不会存留过久，盆中上下植料基本同步处于"干干湿湿"的状态，让兰根生长在最适宜的环境之中；二是不需要年年更换植料，一

般 2~3 年换 1 次植料就可以了，既节省了成本，又减少了工作量。

## （三）护花育苗

春季是春兰、莲瓣兰、春剑、墨兰的盛花期，也是各种兰花的萌芽期，因此做好春季管理工作十分重要。

### 1. 催花

准备参展的兰花，为了让花期与兰展的时间相吻合，往往还要对其采取催花措施。催花的办法有适当提高花房的温度和施用植物生长调节剂两种，具体做法如下。

（1）调控光照和温度。可采取灯光照射的方法，即每天延长光照时间 2~3 小时，阴天时还应补充灯光，提高光照的强度，增强兰株光合作用。春兰在经过 2 周 3~5℃的低温春化之后，应采取措施，将温度控制在晚上 10℃左右、白天 15~18℃。蕙兰和建兰促花时，应将室温调控在 28℃左右。

室内养兰可用节能灯补光

（2）施用植物生长调节剂催花。配制赤霉素（九二〇）2000 倍液，向花葶喷施或用毛笔将其涂抹在花葶、花柄和花蕾的基部。如仍需提早开花时间，过 5 天后可用上述方法再处理 1 次。值得注意的是，使用此法一定要注意配比浓度不可过大，否则会使花蕾僵化难开，适得其反。

无论采取哪种方法，都必须准确掌

用毛笔蘸赤霉素 2000 倍液，涂抹花蕾根部进行催花

握催花时间。对于花葶未伸长的花
蕾，如温度控制在15~25℃，花期
能提前20~25天。如果在催花期间，
发现花葶伸长，蕾肉已伸出苞壳，
那么在15℃以上的加温环境中，
5~7天就会开放；在15℃以下，则
需要8~15天开放。所以必须根据
所需的开花时间及时调整室温，并
尽量保持60%以上的空气相对湿
度，以确保兰花准时开放。

温度控制在15~25℃，花期可提早20~25天

采取催花措施一般适宜将花期提前30~40天。对于某些开花迟的品种，也
应相应推迟采取催花措施的时间；否则，过早采取强制性的催花措施，难以催
出花来，即使催出花，开品也会大打折扣，而且弄不好还容易使花蕾僵化枯死。

此外，花后要及时剪去花葶，以免消耗过多养分。为了使来年多开花，在
花后应浇施2~3次稀释2000倍的花宝3号或磷酸二氢钾，以促进下次的花蕾分
化形成。

如花葶伸长，蕾肉显露，在加温条件下经5~7
天就能开花

花开足1周后，及时剪去花葶

### 2.防寒护苗

春天的天气忽冷忽热,兰棚的防霜防冻工作不能放松。兰谚所指的"春不出",就是指早春不要过早将兰花搬出室外。墨兰、建兰、寒兰等主产于南方的种类,应于最低气温稳定在6℃以上后才能搬到室外,一般在谷雨以后再出兰室。野生春兰与蕙兰抗寒性较强,但家养后抗寒性有所减弱,如遇霜冻,容易损花伤叶,所以也要注意防止春寒侵袭,最好在最低气温稳定在5℃以上时(清明前后)再搬出兰室。兰谚曰"露水润叶,微风利根",兰花如能适时出房,沐浴于春天的微风雨露之中,对于兰花的发芽壮苗是非常有利的。

一直养在大棚中的兰花,冬季一般都加盖薄膜防寒保温,应在清明前后掀去大棚的保暖薄膜。此前,当晴天温度升高,气温达15℃以上时,可以稍打开兰室窗户或揭开大棚少许薄膜通风透气,不要让兰室或兰棚的温度高于30℃就可以了。

晴天温度升高时,温室应开窗通风

棚内气温升高时可掀开薄膜通风

由于蕙兰与春兰生长习性有所不同(如蕙兰喜阳、耐旱、耐寒、耐暑,而春兰相对而言喜阴、喜润,但耐寒耐暑性稍弱),如有条件最好能分棚莳养,根据不同特点区别管理,这样更有利于兰株萌芽、起花与生长。

大面积养兰花可采用成本较低的简易兰棚,棚顶用质量较好的遮阳网做成45°角的"人"字形,以挡住部分雨水。养春兰的棚顶宜用遮阴率75%的遮阳网,养蕙兰的棚顶宜用遮阴率50%的遮阳网,顶上可再设一层遮阴率50%~75%的遮阳网，以便根据季节与天气状况调节遮阴量。这种大棚经济实惠，冬季只要加盖薄膜就可防寒，平时可任其风吹雨淋，生长环境接近自然状态，只要水肥管理得当，往往养出的兰花比封闭兰室养的还要健壮。

温室中的兰花莳养有两种方法：一种是自然越冬栽培，只要将温室中的室温晚上控制在0~15℃，白天控制在15~28℃就可以了。还有一种是加温栽培。兰花在室温8℃以上就能够生长。如需要在冬季促长，室温宜控制在晚上15~18℃、白天25~28℃，最高不超过30℃即可。当室温达到25℃时，应及时开窗透气，同时以电风扇（低转速）辅助通风。春季里只要做到兰室通风透气，即使植料湿一点也无大碍。如果兰室顶面存在滴水现象，容易造成兰花病害；对此，应用电风扇或空调向顶上吹风。春季雨水较多，应采取措施让兰花避开大风大雨或连续久雨，特别是小草、弱草。浇水宜见干见湿，以盆土"二分干"（即盆面下盆高2/10处转干色，相当于浅盆2厘米、深盆3厘米处呈干色）时浇水为好，避免过干而影响春芽生长。

### 3. 促芽壮苗

春季是万物生长的季节，给予充足的养分十分重要。3月中下旬花谢后就可以开始施肥，最好交替使用有机肥与无机肥。3月份气温还不高，病菌繁殖能力较弱，可先采用腐熟的有机肥（如用骨粉20%、鱼类40%、菜籽饼40%混合腐熟1年以上），稀释200倍左右浇施。每半个月1次，连浇2~3次。此后再使用化学肥料（如用花宝2号、4号、5号等2000倍液，轮流施用）。如最低气温10℃以下，可隔

3月后兰花开始萌芽，可用花宝2号、4号、5号轮流浇施

15~20天施用1次；最低气温上升到15℃以上，可隔10~14天施用1次。给予适量的养分，可确保兰花新芽及时出土，苗壮生长。但施肥也要针对兰花的具体情况区别对待。兰谚曰："壮苗喜肥，瘦兰畏肥。""瘦兰勿急施，肥兰勿

久瘦。"这很值得大家在实践中细细领会。特别是对于弱苗、病苗，必须用素土（无肥或少肥的植料）先把兰根养好，待半年后兰苗根旺苗壮了才可以逐渐施肥。

如需要对兰株促根催芽，可以在3月底至4月初，隔7~10天喷施1次催芽剂，如植全、喜多兰、兰菌王、国兰催芽灵等，连喷4~5次。应严格按说明书使用，注意浓度，切忌过浓。也可以使用催芽剂原液，用针管向壮苗假鳞茎的脚壳内滴1~2滴，次日浇1次透水。原液只可用1次，不能连续施用，否则容易造成药害伤苗，轻则引起兰叶焦尖或产生黄斑黑点，重则假鳞茎萎缩变黑，兰苗僵化不长，甚至全盆倒草。所以对于植物生长调节剂，无论采取喷施还是滴施方法，都应当慎用。如使用方法不当或过量，即使药害不严重，也极有可能催出许多芽来，而这些芽却不容易长大。

植全

喜多兰

兰菌王

国兰催芽灵

用针管将催芽剂原液滴入脚壳内进行催芽

兰花的老苗或无叶的假鳞茎不易发芽，如想催其发芽应该分下另栽。最好将分下的假鳞茎同其他健康兰株种在一起，不宜单苗独栽。也可以采用松动假鳞茎连接点的办法，即在翻盆分株时，将兰株冲洗干净，待晾至兰根表面收水后，用手反复扭动老苗的假鳞茎，让假鳞茎之间的连接点半断半连（迫使老假鳞茎成为半独立体，促其萌发新芽），然后用甲基硫菌灵和炭粉混合成的消毒粉抹开裂处，以防病菌感染。在温度适宜的环境下，经 1~2 个月老假鳞茎就能萌发新芽。

剪开老苗假鳞茎与新苗假鳞茎连接处，可促使老苗假鳞茎发芽

如不想翻盆分株，也可以扒开植料，使假鳞茎暴露，用剪刀剪开连接处，再用甲基硫菌灵和炭粉混合成的消毒粉抹伤口，待 4~8 小时伤口稍干以后再盖上植料。这样，兰根未动，恢复起来比较快，有利于早日发芽。

## （四）预防病虫

春季后期天气渐暖，各种害虫开始滋生，如蚜虫、蓟马、介壳虫等。同时，春季阴雨多湿的天气，也会加快病菌繁衍，容易产生病害，如白绢病、炭疽病、细菌性软腐病（蘖腐病）、茎腐病（枯萎病）等。所以，清明前后就要开始预防病虫害，每隔 10~15 天，定期选喷咪鲜胺锰盐（施保功）、吡唑醚菌酯、苯醚甲环唑、多菌灵等杀菌药，同时选喷溴氰菊酯（敌杀死）、杀扑磷（速扑杀）、毒死蜱、噻虫嗪（阿克泰）、阿维菌素等杀虫药。保持兰园环境清洁，清除杂草枯叶。

蚜虫

平时经常检查兰花有无病虫害发生，一旦发现病虫危害迹象就必须及时采取措施，对症下药，确保兰花健康生长。

蓟马

介壳虫

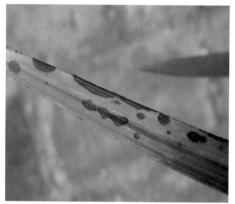

炭疽病症状

白绢病症状

细菌性软腐病症状（淡淡供照）

茎腐病症状

咪鲜胺锰盐

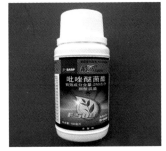

吡唑醚菌酯

毒死蜱

# （五）春季兰花常见问题及解决措施

### 表1　春季兰花常见问题的主要原因及解决措施

| 常见问题 | 主要原因 | 解决措施 |
|---|---|---|
| 花蕾僵化或枯萎 | 越冬时受冻害，或植料过干而脱水，或温室高温逼伤花蕾 | 避免受冻害；保持植料润而不干；已有花蕾的兰盆要注意及时搬出温室，或保持兰室白天不高于20℃，晚上不高于5℃、不低于−2℃ |
| 花葶矮 | 春化作用不够 | 加大兰室的日夜温差（10℃左右）。保持兰室白天不高于20℃，晚上不高于5℃、不低于−2℃ |
| 花朵瘦小，开品差 | 养分不足，兰苗瘦弱，或光照不足，或花蕾过多 | 培育壮苗，增施磷钾肥；增加光照时间；于花蕾长2厘米左右时及时疏蕾，每3苗草不超过2个花蕾 |
| 色花暗淡，不鲜艳 | 环境变化过大，或磷肥不足，或植料偏碱性，或光照不适宜 | 引种地域过远的兰草时先少量试种，确定性状稳定后再正式引进；增施磷肥；保持植料pH 5.5~6；金黄色、红色花宜增加光照时间，嫩黄或白色花宜减少光照时间 |
| 翻盆时发现兰根发黑，不见水晶头 | 植料过肥，或植料偏细，透气性差 | 清洗兰根重新上盆，改用少肥植料；采用透气性较好的植料 |
| 翻盆时见兰根水晶头发黄萎缩 | 植料曾经过干 | 平时注意检查植料持水情况，避免植料过干，特别注意向阳、通风处的兰盆，保持植料润而不干 |

| 常见问题 | 主要原因 | 解决措施 |
|---|---|---|
| 发芽率过低或不容易发芽 | 植料过干或肥伤，或花过多、开过久，或有病虫危害 | 保持植料湿润；薄肥适施；控制花蕾数量及花期；防治病虫害 |
| 新芽出土后停滞不长，形成僵芽 | 突遇低温，受冻害，或喷施过浓药、肥，或秋芽越冬滞长 | 早春兰花出房后注意防冻害；施肥喷药时肥、药不要过浓；适当喷施兰菌王等，以促进生长；摘除弱小的秋芽 |
| 花葶、花朵呈半透明水渍状，后转黄褐色，有红晕 | 高温高湿环境导致霉腐病危害 | 立即剪除病花，用咪鲜胺锰盐喷施2~3次。避免植料过湿 |
| 花蕾或花朵初开时出现黄斑，后迅速褐化凋萎，新芽脚壳出现褐色斑，叶面有时有白斑 | 蓟马危害。仔细观察花蕾、叶芽可发现小如芝麻红色或黑色虫体 | 剪除病叶、病花。每周用噻虫嗪或毒死蜱喷施1次，连喷3~4次 |
| 翻盆后兰叶发软起皱，久之则发黄枯萎，直至倒苗 | 上盆后浇水不透，或浇水不及时，或过早见阳光，引起叶片脱水 | 立即移到阴处管理，保持环境空气相对湿度在80%以上，每1~2小时向兰叶喷雾保湿1次，严重的可用玻璃罩罩住或薄膜包住保湿。严禁用肥。待兰叶完全恢复后再逐步转入正常管理 |

四季养兰要诀

# 二、夏季养兰

夏季气温逐渐升高，兰花处于生长旺盛的时期，兰花的新苗苗壮成长，花蕾孕育形成，这时期日常管理工作一定要跟上兰苗生长的步伐。夏季养兰的重点工作是：防暑降温，壮苗育蕾，防病治虫，通风透气，适时浇水。

## （一）防暑降温

兰家强调的"夏不日"，其主要意思是：夏季的气温越来越高，要注意避烈日的暴晒，做好防暑降温工作。兰花生长温度是 8~33℃（不同的兰花种类略有不同），过低或过高都会使兰花进入半休眠状态。兰花最适宜的生长温度是25~28℃；最适宜的空气相对湿度是 70%~90%；最适宜的遮阴率因气温高低有所不同，一般为 50%~80%。进入夏季，不论是露地栽培还是封闭莳养，都应该适当遮蔽强光。过去兰棚遮阴都用竹帘、苇帘等，现代最简便的就是用培育植物专用的遮阳网。

兰棚最好能设置两层遮阳网，一层遮阴率 50%，另一层遮阴率 75%（如兰棚顶加盖阳光板，也可采用遮阴率 50% 的遮阳网）。当日最高温度达 22~30℃时，拉上一层遮阴率 50% 的遮阳网；当日最高温度达 30~35℃时，换拉上遮阴率 75% 的遮阳网；当日最高气温达 35℃以上时，将两层遮阳网全部拉上。每天的早上可以完全拉开遮阳网，让兰花接受晨曦和朝阳，到 8 时以后，气温升高到 22℃以上时再拉上遮阳网。傍晚太阳下山后，再拉开遮阳网，让兰花接受淡淡的散射光。室内养兰场所如太阳直接照射不到，应尽量让兰花多接受散射光。一般说来，光照稍弱容易管理，养出来的兰花叶片碧绿油亮；光照强，养出的兰花容易发苗起花，但兰叶易偏黄并失去光泽，稍不注意阳光还会灼伤叶片。所以适当遮阴非常重要，在炎热的季节尤其如此。

气温 22~30℃，拉上遮阴率 50% 的遮阳网

气温 35℃以上，拉上两层遮阳网

高温季节有条件的兰园还应配置降温设备，及时进行降温。大的兰园可用水帘系统或空调降温；中小兰园可采用水冷机降温。一般一台 300 多瓦的水冷机能使面积 20 米² 的兰园温度降低 4~5℃。水冷机在降温的同时还能提高兰园的空气湿度，可营造适于养兰的小环境。如能将兰棚温度控制在 30℃以下，最高不超过 33℃，对于夏季的兰花生长将非常有利。

水帘风冷机正面与侧面

现代兰室水帘系统

空调与水冷机均可用于兰室降温

兰园最佳的空气相对湿度是 70%~90%。若有条件，最好将兰园的空气相对湿度调控到 70% 以上，最低也不要低于 65%。夏季因有一个梅雨期，空气湿度的问题一般不很突出；秋季空气较干燥，空气湿度低。如果兰园的空气湿度过低，应采取增湿措施。目前兰园常用超声波雾化器增湿。一台 12 头的超声波雾化器可保证面积 15 米$^2$ 的兰园环境空气湿度达标。另一种是半天雾雾化器（离心式），一台半天雾雾化器可保证 10 米$^2$ 的兰园环境空气湿度达标。

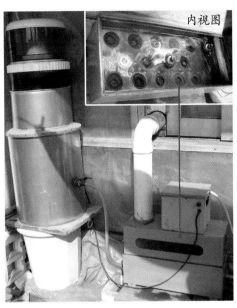

内视图

半天雾雾化器

超声波雾化器

## （二）壮苗育蕾

历来都说兰草宜素养，怕肥忌肥。其实，兰草怕的是浓肥，而适当施肥对于兰草的生长发育是十分必要的。初夏是兰花的新芽生长旺盛期，施肥应以氮为主（线艺兰少用氮肥），可交替使用花宝 1 号、2 号、4 号、5 号，腐熟有机肥（稀释 200 倍），每 10~15 天 1 次。从 6 月中下旬开始，兰花进入了积累养

浇液肥

分、壮大假鳞茎（供花蕾发育）的阶段，应施用以磷钾肥为主的肥料，可交替使用花宝 3 号、稀释 800~1000 倍的磷酸二氢钾。在入夏初期，每隔 10~15 天浇施 1 次液肥，浇液肥时注意从盆边缓慢施入，尽量避免浇入叶心。当气温高于 30℃时，各类兰花均应减少浇施肥料的次数，每隔 20 天左右可用花宝 2 号、3 号交替喷施。叶面施肥宜在傍晚进行，高温施肥易伤叶。兰苗养壮，可为花蕾的生长发育奠定良好的基础。

叶尖焦黑可能是施肥过多所致

夏季如施用有机肥，有机肥一定要经过充分发酵腐熟（经过 1~2 年发酵），再以净水稀释后使用。施肥宜在傍晚太阳下山之后进行，第二天早晨，再用清水浇或喷 1 次（俗称"回水"），以免肥水伤害根部。

如确认叶尖焦黑是施肥过多所致，应暂停施肥 30~40 天。如兰叶质薄且泛黄，很可能是缺肥所致，应予以追肥。施肥一定要遵循"薄肥适施"的原则，特别是小苗、弱苗更忌浓肥。一旦发现

叶片质薄且偏黄可能是缺肥引起

施肥过浓，必须立即换植料，洗净兰根后再重新用素植料培养。

夏季正值建兰开花时期，在花蕾出土或开花期间，应暂停施肥，以免肥水浇入花蕾而引起烂蕾。仲夏春兰开始进入萌发花芽阶段，在花芽萌发前可适当控水 1 周（将植料水分含量控制在 30%~40%），俗称"扣水"，同时适当增加光照进行"逼烘"，促使春兰假鳞茎萌发花蕾。

## （三）防病治虫

梅雨季节，雨水充沛，空气湿度大，兰花种植场所环境过湿，气温也较高，适于病菌生长，容易产生各种病害，如黑斑病、炭疽病、白绢病、细菌性软腐病、茎腐病等。一般的病虫害只要用农药定期预防即可，最难治的病是茎腐病与细菌性软腐病（兰友俗称"两腐"），最难治的害虫数介壳虫。许多兰家都谈"腐"色变，见"蚧"头痛。

### 1. 菌病防治

茎腐病与细菌性软腐病虽然都以危害假鳞茎为主，但它们病因各异。

茎腐病症状（假鳞茎干枯）　　　　　　　细菌性软腐病症状（新苗基部水渍状）

茎腐病是由真菌引起，病菌首先侵入假鳞茎，阻断叶内导管，致使纤维束失去传导功能，引起兰叶干枯脱水。最明显的症状是兰苗的叶基部先出现枯黄迹象，然后逐渐往上蔓延；一般从老苗的心叶开始，再向外部叶片发展。等发现时往往为时已晚，如不紧急采取切割措施就会整盆相继感染，全盆覆没。

细菌性软腐病是由细菌引起，首先危害新苗基部，使其软腐，有如开水烫过一样，以后迅速扩展，一天就能使兰苗基部大块发黑腐烂。用手轻轻一提就会断落，黑腐处有恶臭味。细菌性软腐病危害也不小，极易危及全盆。

对于这两种病害应重在预防，在梅雨季节前喷咪鲜胺锰盐、噻菌铜（对真菌与细菌皆有抑制作用），每半个月1次，交替使用，且配合施用菊酯类农药杀虫，能起到较好的防病虫效果。但若发现病害，就必须果断处理，及时分割并烧毁病苗，绝对不能手软。

及时烧毁病苗，以免传染病原

茎腐病患株假鳞茎切面（淡淡供照）

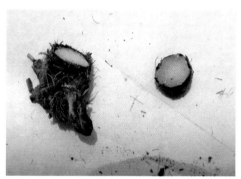

健康苗假鳞茎切面（淡淡供照）

对于茎腐病与细菌性软腐病，尚无特效的治疗方法，这里介绍3个阻断病源的处理办法。

（1）治茎腐病时必须迅速切断病苗与健康苗的假鳞茎连接点。如多切的一苗假鳞茎切面仍有一点发黑或发黄，必须再多割去一株外观健康的苗。彻底切去被感染株后，再换上新的兰盆与植料，重新栽种，再以50%咪鲜胺锰盐可湿性粉剂2000倍液浇透植料。之后，每周浇1次，连用2次。

剪除茎腐病病苗时，最好切去一株相邻的外观健康的苗

（2）治细菌性软腐病时应彻底清除染病的兰株与假鳞茎。先用自来水洗净留下的健康苗，再用20%噻菌铜悬浮剂300倍液浸泡20分钟，晾干后再换植料栽培。此后，每周再喷20%噻菌铜悬浮剂600倍液1次，连用2次。

（3）高温季节，治疗茎腐病或细菌性软腐病时可不翻盆，直接拔去病苗（最好相邻的一株外观健康的苗也拔去），在孔洞及周围撒入少量噻菌铜和咪鲜胺锰盐干粉。管理上适当控水，待植料干时再用上述两种农药稀释液灌盆。

平时，应注意避免出现植料过干过湿或环境高温高湿的状态。高温天气浇水时应尽量避免新苗叶心积水。如养兰不多，浇入叶心，可用药棉、餐巾纸或干毛笔吸干。浇水后兰叶上的水珠最好能在半小时内吹干（可启用电风扇）。

梅雨季节还是白绢病的多发期。这种病由真菌引起，

清除茎腐病病苗后，用咪鲜胺锰盐稀释液浇透

清除软腐病病苗后，用20%噻菌铜悬浮剂300倍液浸泡兰株根系及假鳞茎2小时

叶心积水可用药棉或餐巾纸吸干

白绢病病原菌核

发现白绢病时可用 50% 乙烯菌核利可湿性粉剂 800 倍液浇根后，再在根部撒上适量石灰或草木灰

症状与细菌性软腐病有些相似，一般情况下新苗或半成苗多发，病苗也是从茎基部开始呈水渍状腐烂，但不同的是病苗根部肉眼可见白色菌丝，晚期可见白色或黑褐色菌核。发现病株时，可用 50% 乙烯菌核利可湿性粉剂 800 倍液或40% 菌核净可湿性粉剂 800 倍液灌根，并在根部撒些草木灰或石灰，能起到较好效果。

炭疽病是兰花常见病，发现时应及时清除病叶，加强通风透光，降低环境湿度，同时选喷 50% 咪鲜胺锰盐可湿性粉剂 1000 倍液、25% 吡唑醚菌酯

炭疽病症状（黑点状病斑）

炭疽病症状（枯叶状病斑）

炭疽病症状（云纹状病斑）

苯醚甲环唑

乳油 1500 倍液、10% 苯醚甲环唑（世高）水分散粒剂 300 倍液，每周 1 次，连用 3 次。

### 2. 病毒病预防

兰花还有一种十分难治的病叫病毒病（拜拉斯），有人称之为"兰花癌症"。得了这种病的兰株，叶面先是出现黄白色的条纹或斑块（新苗展叶时最容易看出来），无光泽，稍透明，边界呈水渍状，继而斑痕凹陷呈灰褐色，周边褶皱萎缩，最后兰苗长势衰退，小苗僵化，甚至全盆枯萎死亡。这种病的传染性较强，一经发现就必须隔离观察，确认后予以烧毁。用于修剪兰叶的剪刀必须用火消毒，兰盆不可再用，植料宜远抛或深埋处理，以防病毒扩散传播，引起毁灭性的损失。

病毒病症状

### 3. 虫害防治

兰花的害虫主要有红蜘蛛、蚜虫、蓟马、介壳虫等。一般防治害虫可选用

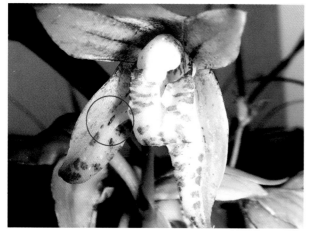

蓟马

蓟马危害状（刘振龙供照）

40%毒死蜱乳油1000倍液、40%氧化乐果乳油1000倍液、45%马拉硫磷乳油1000倍液喷雾防治，每周1次，连喷3次，效果良好。如发生介壳虫，必须在幼虫期（幼虫呈白色）及时杀灭。一旦幼虫变为成虫，体表生成一层硬壳，就非常难治。养兰不多时，可先仔细刮清虫斑（特别是叶基部缝中不能有残留），再用氧化乐果等农药（浓度加大1倍），喷于被危害处，每3~5天1次，连治5次。千万不能放任介壳虫滋生，如等介壳虫在兰园蔓延成片，那就需要花费巨大的精力来对付了。

介壳虫幼虫（白色）

如发现介壳虫，应先刮清虫斑

## （四）通风透气

兰花最喜微风吹拂，闷久了必然出问题，因此兰园的通风透气至关重要。有经验的兰家都知道，如兰室通风好，环境湿一点问题也不大，但如果兰室通风不良，湿上加闷问题就大了。闷热的梅雨季节，高温高湿，最有利于病菌繁殖，更不可忽视通风，兰室中除了必须采取开大门窗外，还应根据实际需要配备适量的电风扇，以确保兰花在微风拂动的良好环境中健康生长。如用 20~30 瓦的微型风扇，装在兰架下方 40 厘米处及盆面上方 1.2 米处，每 1.5~2 米$^2$ 配 1 台，不同朝向各安装一半（如一半朝东，一半朝西），以促使兰室空气对流。如没有微型风扇，也可用家用电风扇代替，但必须做到上下双向供风，确保小环境的空气对流。

兰室应配备换气通风设备

## （五）适时浇水

夏季是兰花生长的旺盛时期，一旦缺水，则兰花生长不良，但如果久湿不干，又容易致病，所以浇水必须适时。浇水时间掌握得好坏，直接影响兰花的生长好坏。古人说："养兰一点通，浇水三年功。"这话一点都不夸张。如果不善于总结观察，三五年也不一定能领悟出浇水的道理，所以现在也有人说："养兰容易通，浇水十年功。"

兰花性喜植料时干时湿，有干有湿。许多兰书总结了不少浇水的诀窍，如"干干湿湿，不干不浇，浇则浇透"。又如强调兰花生长"喜润而畏湿，喜干而畏燥"等。这些兰诀辩证地说明了浇水的方法，指出兰花浇水太干了不行，太湿了也不行，只有不干不湿最适宜。一般来说，粗植料养兰宜采用"湿管"，植料的含水量以60%~75%为宜；细植料养兰宜采用"干管"，植料含水量以50%~70%为宜。

植料装在盆内，看不见摸不着，干湿度比较难以掌握。为了准确判断植料的干湿度，人们想出了许多观察的方法，如插管法、插签法、称盆法等，但这些方法都过于繁琐，不便操作，盆数多了更是难以掌握。这里介绍一个简便易行的样盆观察法：在兰园里以同样的兰盆、同样的植料，种上1~2盆兰株大小基本一致的普通草作为"样盆"，平时观察时可扒开"样盆"表面植料作辅助判断。当植料微润至"一分干"（即盆面下盆高1/10处已转干色，相当于浅盆1~1.5厘米、深盆1.5~2厘米处见干）时最适宜兰花生长。春季达"二分干"（即盆面下盆高2/10处已转干色，相当于浅盆2厘米、深盆3厘米处见干）时就可以浇水了。夏季因有梅雨季节，又逢春兰"扣水"促花之际，可让植料稍干。当植料达"三分干"（即盆面下盆高3/10处转干色，相当于浅盆3厘米、深盆4厘米处见干）时浇水为宜。一般情况下，最久不宜超过"四分干"（即盆面下盆高4/10处转干色，相当于浅盆4厘米、深盆5厘米处见干）时浇水。如果兰株根系短，兰根未达盆腰，宜早一点浇水；根系健旺并长达盆腰以下的可略干一点再浇水。如用粗植料养兰，盆面下1厘米处见干即可浇水。粗植料

植料微润

植料"一分干"

植料"二分干"

植料"三分干"

植料"四分干"

透水性强，不容易积水，却容易失水，所以平时要注意宁湿勿干，避免伤根。浇水必须浇透，盆底流水后再浇一会儿。浇水间隔时间因兰盆、植料、环境、季节、天气等不同而不同，不能机械地套用别人的经验。只要根据以上介绍的"样盆观察法"去灵活掌握，并且根据不同的季节与气温情况做一些记录，就可以总结出一套适于自己养兰情况的浇水方法来。

# （六）夏季兰花常见问题及解决措施

### 表 2　夏季兰花常见问题的主要原因及解决措施

| 常见问题 | 主要原因 | 解决措施 |
|---|---|---|
| 新芽生长缓慢、瘦弱，长出的新苗叶片少于 4 片，展叶迟缓 | 水肥管理不当，新芽根未发 | 喷施花宝 5 号等含氮较多的叶面肥 1000～2000 倍液。施用促根生（植本）、兰菌王等促根肥 |
| 叶片焦尖 | 空气湿度不够，或水肥管理不当，导致积水或肥料过浓，或发生炭疽病等 | 如空气湿度不够，则需加湿。如管理不当导致烂根，则用含肥分较少的植料重新上盆，并施用促根生（植本）等。如病害所致，用相应的药剂防治 |
| 新芽叶基部产生水渍状黑褐色斑块，几天内整个叶基部变黑，1 周左右出现腐烂，往往整棵苗可轻易拔起。腐烂叶基有臭气。叶尖一般无症状，大苗叶面有时有脱水样或水渍状斑块 | 细菌性软腐病危害。病菌从兰株伤口侵入。高温高湿条件下易发，每年 5~6 月特别容易发生。植料过细，透气性差，易诱发该病 | 发病后较难救治。平时应加强预防，浇水后及时用电风扇吹干叶心积水。保持植料疏松而不过湿。栽种时防止掩埋假鳞茎太深。染病后应立即翻盆，并将兰株放入噻菌铜稀释液中浸泡 20 分钟，再换用湿润偏干的植料浅栽。置于通风阴凉处，每隔 7~10 天用噻菌铜喷雾 1 次，连用 2 次 |
| 叶基部枯黄，逐渐向上蔓延。一般从老叶的心叶开始。假鳞茎变褐萎缩，切开可见切面呈褐色或有黑褐色斑点斑块 | 茎腐病危害。病菌从伤口侵入。高温高湿条件下易发，梅雨季节多发。植料板结，透气性差，以及频繁翻盆，易诱发该病 | 发现时立即翻盆，切断病苗与健康苗的假鳞茎连接点（最好多切去一株外观健康的苗，切除健康苗的数量以假鳞茎切面呈纯白色为准）。然后用新植料新盆种植，并浇施咪鲜胺锰盐两三次 |
| 叶面初期产生浅褐色凹陷小点，周缘浅黄色。后期病斑扩大为不规则形或椭圆形，病部凹陷，中间灰褐色、边缘深褐色。病斑与健康部交界清楚。病斑上着生许多小黑点 | 炭疽病危害。病菌借风雨及栽培作业传播，从兰株的伤口或嫩叶侵入。四季均可发病。高温高湿、通风不良时发病较严重。氮肥过多或过阴，易诱发该病。如连续阴雨天后突然晴热，则更易发生 | 发现病斑及时剪除。发病时可选喷咪鲜胺锰盐、吡唑醚菌酯、苯醚甲环唑、多菌灵等药剂，连喷 2~3 次，每次间隔 7~10 天。平时管理应适当给予光照，避免高温高湿和通风不良，施肥时做到氮、磷、钾比例均衡 |

| 常见问题 | 主要原因 | 解决措施 |
|---|---|---|
| 叶面及叶尖产生不规则或长条形好像开水烫过的褐色斑。受害部位组织柔软,严重时整段叶脱水失绿。后期病斑变褐色或黑褐色,周围有明显黑褐色晕圈 | 细菌性褐斑病危害。病菌借浇水或管理作业从叶片伤口或气孔侵入兰株。在叶面长期有水分时易发病,高温时发病严重。传染性极强 | 平时避免兰叶产生伤口。夏季雨天叶面不宜喷水,平时浇水后半小时内应将叶片吹干。病株应及时隔离,染病叶片要及时剪除,并烧毁或深埋,然后选喷噻菌铜或叶枯唑,连喷 2~3 次,每次间隔 10 天 |
| 叶基部呈水渍状,有白色菌丝体在植料表面及根际蔓延,最后叶基部变褐腐烂,使整盆植株死亡 | 白绢病危害。病菌经风雨、土壤传播。高温高湿时病情发展快 | 翻盆倒出植株,除去受害兰苗。对留下的健康植株用乙烯菌核利稀释液浸泡半小时后,换用新植料重栽,并用乙烯菌核利作定根水喷洒全株及基质。7 天后再浇施 1 次。初发时在根基部撒适量草木灰及石灰 |
| 叶片发黄、干缩、枯死,新叶停长。根部产生褐色凹陷斑点,后期根组织坏死,根系完全腐烂干枯。新长幼根及假鳞茎基部也常腐烂 | 立枯病危害。植料潮湿,施肥过浓,根系有伤口,易诱发该病。新换盆的兰株发病较普遍,这与换盆时损伤根系而未采取保护措施有关 | 若发现新苗滞长且逐渐变黄,要及时检查根部。对患病植株根部要彻底清除腐烂组织,晾根至稍干后,浸泡在甲基立枯磷或咪鲜胺锰盐稀释液中半小时,取出晾干后重新栽种。再用上述药剂喷根颈部,每次间隔 7~10 天,连喷 2~3 次 |
| 叶面呈现不规则的黄色或白色斑点、条纹,失绿,严重时病斑凹陷,色斑变褐黑色。新苗明显弱化、老化,有时花瓣上也产生褐斑 | 病毒病危害 | 病毒病目前尚无有效的治疗药剂。管理上阻断病源是防治此病最重要的措施。引种时切忌将带病植株引入,发现患病的植株应立即予以销毁,并及时清理栽培环境,消灭害虫,切断其传播途径 |
| 花蕾、花朵变褐萎枯。翻动花瓣,可见黑色或红色小虫体快速爬动 | 蓟马危害 | 清除虫量较多的受害花蕾。开花初期,选喷毒死蜱、吡虫啉等杀虫剂 |

| 常见问题 | 主要原因 | 解决措施 |
|---|---|---|
| 叶面、叶背，尤其是叶基部、叶缝寄生白色或棕褐色细小虫体，严重时好像粘满米糠 | 介壳虫危害。汲取兰叶汁液，破坏叶肉组织 | 避免高温高湿，加强通风透气，抑制介壳虫繁殖。防治应在介壳虫的蜡质层未形成时施药，效果最佳。药剂可选用杀扑磷、毒死蜱、氧化乐果，间隔5天1次，连喷2~3次 |
| 新叶、嫩叶和花蕾上聚集黑色或暗褐色虱状小虫，叶片出现黄色小圆斑，花蕾受害后萎缩、畸形。严重时造成倒苗 | 蚜虫危害。蚜虫汲取汁液，并易诱发煤烟病 | 平时注意清理干叶、干脚壳，消灭越冬虫卵。发现时，选用氧化乐果、噻虫嗪等，每周喷施1次，2~3次即可杀灭。或用0.5%洗衣粉溶液喷洒，3天1次，连喷2~3次 |
| 叶面产生黑色不规则斑纹，斑纹较大。初期呈水渍状，后期颜色加深，病斑扩大。受害轻的只在叶面表现症状，严重时叶背也会出现症状 | 受强光照射引起的生理性日灼病。平时生长在遮阴环境中的兰花，如新叶突然被强烈阳光直射，很容易发病 | 采用遮阴设施控制阳光强度。需增强光照时应逐步过渡，避免突然加大光照强度。对已患病的兰株应喷施杀菌剂保护叶面伤口，防止病菌侵染 |

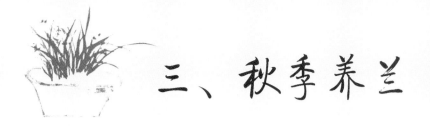

# 三、秋季养兰

秋高气爽，往往晴热少雨，特别是初秋季节，更是赤日炎炎，酷热干燥，给兰花生长带来诸多不利的影响。到了晚秋，虽然天气开始转凉，但天气仍然非常干燥，空气湿度非常低，有时甚至空气相对湿度降到 20% 以下。城市阳台的秋燥，对兰花真是一次考验。初秋到中秋露天莳养的兰花，大多进入高温半休眠期，生长非常缓慢，直到晚秋又会逐渐恢复生机，转入第二次生长旺盛期。同时，秋季还是病虫害的高发期，特别是细菌性软腐病与茎腐病，以及抗药性最强的介壳虫，在秋季更容易猖獗肆虐。然而，燥热的秋季也是萌发花蕾的黄金季节，来年能有多少兰花开花亮相，都在秋季见分晓。所以秋季养兰十分重要，不要认为多雨的梅雨季节已过就万事大吉，平时要勤于观察，精心管理，以防疏忽而引起不必要的损失。秋季养兰的工作重点是：遮阴防燥，促花护蕾，慎防病虫，辩证管理。

## （一）遮阴防燥

秋季天气反差最大，可以说"初秋胜夏暑，深秋有冬寒"。刚进入初秋的天气仍以炎热为主，天晴时，气温甚至比夏天还要高，所以，遮阴防燥仍"唱主角"。兰家所称的"秋不干"指的就是在秋季必须做好遮阴防燥工作，及时浇水，避免植料过干。

当秋季的最高气温达 35℃ 以上时，晴天在早晨 7 时半左右就应拉上一层遮阴率 50% 的遮阳网，到上午 9 时半左右再拉上第二层遮阴率 75%（棚顶加盖阳光板的遮阴率 50%）的遮阳网。傍晚等太阳直接照射不到时再拉开遮阳网，让兰花接受晚间的露气滋润。阴雨天气可拉开遮阳网，让兰花充分接受散射光。当深秋的气温转凉，最高气温降至 35℃ 以下时，再减少遮阴率。最高温度降至 30℃ 以下时，露天的可拉一层遮阴率 75% 的遮阳网；顶棚有阳光板的只要拉上一层遮阴率 50% 的遮阳网就行了。最高气温降至 20℃ 以下时，露天的只要拉上一层遮阴率 50% 的遮阳网，顶上盖阳光板的不拉遮阳网也无妨。

秋季空气湿度过低，最重要的是防止干燥。兰园中靠边通风的地方与向阳处的兰盆表面特别容易干，在全园统一浇水的同时应对这些易干兰盆适当予以补水。盆面已干燥而中部以下尚湿的深盆，宜用喷雾器向盆面稍稍喷水增加湿度，待盆中下部微干时再统一浇透水。兰室中应设置加湿设备，可用雾化器。兰花最喜欢的空气相对湿度是 70%~90%，但由于秋季空气特别干燥，为避免雾化器工作时间过长，白天有太阳或有风时可以将自动调节器的湿度设定为 60%~65%，阴天设到 70%，晚上设到 70%~75%。如系四面通风的无墙兰棚，不宜使用雾化器，可以安装适宜的水帘系统或水冷机，既可增湿又可降温，一举两得。

家庭阳台养兰，难以采用加湿设备，可在阳台养些水生植物或鱼。在兰盆底垫一个托盘，天气干燥时可往盘中注水 1 厘米深，水面应低于兰盆底孔 1~2 厘米，注意水不要接触到兰盆底部。秋季的增湿防燥降温非常重要，如气温过高或空气湿度过低，虽不会导致兰花死亡，但容易造成兰叶焦尖或产生黑斑，严重影响兰叶的美感。

阳台养兰，干燥季节可往托盘中注些水

## （二）促花护蕾

秋季是孕育的季节，兰谚说："春起仲夏，蕙起仲秋。"意思是说春兰的花蕾大多数在夏季中期出土，蕙兰的花蕾大多数在秋季中期出土。其实，不同的品种起蕾时间也有迟早，春兰起蕾晚的会延迟至初秋，蕙兰起蕾晚的会延续到晚秋或初冬。所以说，大多数兰花的花蕾是在秋季萌发壮大的。秋季培育得如何，还决定着来年新花的复花、"哑巴草"的定性、传统品种的开品。金色的秋季承载着养兰人的希望，促花护蕾可以说是秋季养兰的关键环节。

古人为了能够使心爱的兰花在来年得以盛放，往往采取浅盆栽兰，因为浅盆土少易干，也易于采取"扣水"的措施，十分有利于起花。同时，古人也常在仲夏与初秋对春兰和蕙兰采取促花措施，主要有两个办法：一是将兰盆置于阳处"逼烘"（盆泥宜润）；二是用吸水强的棉布采集清晨植物上的露珠，用收集来的露水浇，每盆约1盅，连浇4~5次，据说有较好的效果，这种做法没有什么科学依据。现代促花主要采取以下两个办法。

（1）晒盆"逼烘"法。这是古人促花的经验，即将兰花置于阳光之下，让兰株多接受阳光。晒盆时植料宜润。春兰的晒盆时间宜早一点，一般在仲夏左右，宜于气温28℃以下时进行；蕙兰宜迟一些，一般在初秋花蕾未萌发之前。具体做法是：从早晨7时到10时，每天晒盆3小时，连晒1周；之后再遮阴50%，延长浇水的间隔时间，将植料水分控制在30%~40%，"扣水"1周即可。晒盆"逼烘"法主要是给兰花一个暂时的恶劣环境，从而激发其延续物种的本能。

室外养兰，晒盆促花

（2）施肥用药法。兰花在孕蕾期需要的养分主要是磷钾肥，春兰于6月中旬、蕙兰在7月初，就可以开始施用催花的植物生长调节剂与肥料。促花不宜过早，过早容易催出秋芽。也不能过迟，到8月中旬以后花芽与叶芽已基本定型，促不出花蕾。

家庭养兰，把兰花置于光照较强之处促花

具体来说，施肥用药（植物生长调节剂）的方法有如下 3 种：一是增施磷钾肥。先在兰盆的表面撒一次钙镁磷肥，每盆不超过 0.5 克，过多则容易伤根。施肥时宜均匀地撒在兰盆边缘，不要碰及兰根或假鳞茎，使其随着浇水逐渐渗入盆中。同时，交替使用花宝 3 号与磷酸二氢钾 1000 倍液，每周喷叶 1 次，每半个月浇根 1 次。据兰友经验，将美国产的魔肥打碎，溶解后喷叶与浇盆，对催花有较好效果。二是用注射用针管抽取细胞分裂素原液，然后滴 1~2 滴到近两年发出的壮苗假鳞茎上。这一办法春夏可催芽，秋季则促花，效果较为明显。但此法易伤兰苗，慎用。三是定期喷施由杭州国兰园艺科技开发有限公司生产的国兰催花灵。这也有一定的催花效果。

兰盆表面撒适量钙镁磷肥，可促花　　叶面喷施磷钾肥，利于开花

滴一两滴细胞分裂素原液于假鳞茎上，春　　　　　　国兰催花灵
季可催芽，夏秋可促花

其实，无论何种兰花，开花的前提都是兰苗健壮，所以前期应该将功夫用在培育壮苗上面。古话说："春兰五叶必花。"兰苗苗壮了，再加上足够的光照，自然就容易起花。蕙兰更是如此，苗壮才能起花，草不养大是不可能见花的。如兰草已长壮，春兰于芒种前后、蕙兰于立秋前后，可以酌情采取"扣水""逼烘"等措施促进孕蕾。

以上促花的方法可以概括为晒盆促花、磷肥育花、壮苗起花。

兰花花蕾破土而出后，如果管理不善，还会发生烂蕾或枯蕾的情况，因此平时应注意养护花蕾：一是不用脏水肥水浇花，在浇水时避免将水浇入蕾心。有的兰友用香烟壳外层的透明薄膜或香烟壳内的铝箔纸做成套子，浇水施肥或喷农药前先将它罩在花蕾上作保护伞，简便有效。二是对于要赏花的兰株尽量不要翻盆，不要经常移动位置，以防翻盆伤蕾，或移位后光照、湿度变化而引起萎蕾。三是注意防止害虫、鼠啃咬。如发现害虫危害要及时防治，入秋后采取一次灭鼠措施，认真做好兰园的防害保蕾工作。四是适时疏蕾疏芽，确保养分集中供应。兰花的花蕾不宜留得过多，过多则影响开花的质量。一般3~4苗连体兰株，留蕾不超过2个，多余的应及时除去。当花蕾长至1~3厘米时即可摘除，具体操作方法是：左手轻按兰丛的根部，不让其松动，右手捏紧花蕾，向外斜45°迅速拔出，然后再在伤口撒上甲基硫菌灵与炭末混合而成的消毒粉。

用香烟壳外层的透明薄膜做成套子，罩在花蕾上（品芳居供照）

疏花蕾时，用左手压住根部，右手抓住花蕾用力拔出

此外，由于秋季的"十月小阳春"，气候颇似春季，所以兰花假鳞茎往往还会萌发出叶芽来，这类叶芽俗称秋芽。非温室栽培的春兰秋芽容易僵化而不易长大，最好将弱芽在其长度2厘米以内除去。蕙兰的叶芽第二年还会继续长大，所以不要摘除。叶芽比较容易折断，只要用手指头向下扳折即断，伤口处理方法与摘除花蕾相同。摘除花蕾或叶芽后，两天内不宜浇水。

疏叶芽时，只要手抓叶芽向下轻掰就可以了

## （三）慎防病虫

秋季虽不似梅雨季节那样病虫害高发，但病虫危害势头却猛于夏季，稍有不慎，一旦发生病害，轻则造成兰草焦尖、黑斑，重则造成全盆兰株枯亡。所以秋季还必须特别小心病虫危害，认真做好防治工作。

秋季的兰花叶片最容易出现焦尖或黑斑，其原因主要有3点：一是施肥过多，兰根受损，叶尖枯焦，俗称"烧尖"；二是养兰环境温度过高或空气过燥，叶尖受损害；三是浇水过勤，形成盆底久湿，导致病菌感染。如发现病情应具体分析，找出致病原因，采取有效防治措施。

秋季要做好茎腐病与细菌性软腐病防治工作，特别是茎腐病在秋季往往发病率高，应经常观察。一旦发现心叶枯萎，而叶片略呈脱水状，那就是得病的苗头，必须立即倒出病苗，果断地从连接点切断，直到保留的兰株假鳞茎切面纯白色而没有一点黄色或黑色为止。最好

红蜘蛛（淡淡供照）

能多切掉一株外观健康的苗。如切除病苗不彻底，可能导致全盆覆没。然后将留下的健康苗用咪鲜胺锰盐稀释液浸泡消毒后另栽（也可采用前述的不浸泡的方法）。对于细菌性软腐病，如发现病苗，也同样必须立即翻盆，除去病苗后用清水洗净，放在噻菌铜稀释液中浸泡20分钟，再放阴处晾至根稍干后再换植料栽培。此后，用噻菌铜喷雾两三次，每周1次。这两种病害对兰花的危害最大，平时应以防为主。如果在5月初、7月初、9月初用噻菌铜与咪鲜胺锰盐交替喷雾，每周1次，可有效防止茎腐病、细菌性软腐病、炭疽病的发生。秋季易发生粉虱、红蜘蛛、蓟马等害虫，发现时可用噻虫嗪等农药防治。平时可用菊酯类农药定期预防，避免虫害发生。

## （四）辩证管理

"秋燥猛如虎。"秋季空气特别干燥,空气相对湿度最低时可降至20%以下,因而植料干得非常快,特别是用瓦盆或大颗粒植料种的,在室外有风的日子一天就基本干了;用细质陶瓷盆或细植料种的,2~3天也就干得差不多了。楼顶、阳台风大,植料更容易干燥。如果植料干透了而未能及时浇水,轻则影响兰花生长,重则导致兰根脱水萎缩,甚至兰根枯死。

秋季空气干燥,植料"宜湿不宜干"。但秋季气温很高,在高温高湿的环境下,兰花容易受病菌侵袭。古兰书说"秋季水多最伤叶",往往一场大雨或过多浇水之后,兰叶就出现黑斑,所以在秋季特别需要辩证管理,做到适时浇水。古人强调秋季的兰花管理要点是"燥泥、晒盆、避雨、常润",这也是一种辩证的管理方法。"燥泥"和"晒盆"是为了催花,"避雨"和"常

秋季高温天气，兰花叶片易出现焦尖与黑斑

润"是为了保苗护蕾。值得注意的是，在"燥泥"和"晒盆"时也要防止过干。秋季的"晒盆"主要指蕙兰，"晒盆"要避开 30℃以上的高温天气。在"避雨"和"常润"的同时也要注意防止过干或过湿，只有合理地做到"有干有湿，干干湿湿"，才能使兰花健康生长。

秋季兰花浇水一般 1~2 天浇 1 次透水。对于置于特别容易干燥环境中的兰花与采用大颗粒植料种的兰花，可以早晚各浇 1 次水，以确保植料常润不干。浇水宜在清晨太阳出来之前，或在傍晚太阳下山之后进行。如在中午阳光直射时浇水，容易损伤叶片，也容易发生病害。

秋季温度达 33℃时，施肥容易引起叶片出现焦尖与黑斑，应减少施肥量，施用薄肥，施肥间隔时间可延长至10~15天。当温度高达35℃以上时应暂停施肥，待气温降低后再进行施肥。

秋分后、寒露前，是一年中第二次翻盆的最佳时段。这时候翻盆的兰草要比早春翻盆的兰草发芽早，发芽率也高。特别是经过夏秋两个季节的考验，需要对兰株生长状况进行一次全面检查。对栽培管理中出现问题的兰草应及时翻盆换植料。如部分兰叶失去光泽或叶面起皱呈半脱水状，叶芽或花芽僵停不长，则可能兰根已经受损，应予以翻盆；翻盆时，将腐根剪除后，用甲基硫菌灵与炭末混合的消毒粉或甲基多保净涂抹伤口，待伤口稍干后再重新用新植料上盆。检查时还要观察兰株新苗的脚壳，如

叶面失去光泽或起皱，可能根部受损

新苗的脚壳出现黑斑，则说明兰根已经不健康了；如新苗的脚壳发黑，则可能兰根已经发生腐烂，务必立即翻盆换植料。

初秋是台风多发的季节，还要注意做好防台风工作。台风来临前检查兰室的遮阳网捆得牢不牢，阳台的兰盆是否稳固，兰室顶棚、门窗是否牢靠等。如台风可能破坏兰棚，应把兰花搬到安全处，避免兰花受损害。

病苗腐烂根剪除后，可用甲基多保净涂抹伤口

## （五）秋季兰花常见问题及解决措施

### 表3　秋季兰花常见问题的主要原因及解决措施

| 常见问题 | 主要原因 | 解决措施 |
| --- | --- | --- |
| 春蕙兰不孕蕾，建兰不开花 | 兰株不够壮，分株过勤；或光照不足；或氮肥施用过多，磷钾肥偏少 | 加强管理，培育壮苗，少分株，保持大丛苗；予以充足光照，适当控水；孕蕾前，提高肥料中磷钾肥含量比例 |
| 兰叶呈脱水状，假鳞茎皱缩，兰根干瘪 | 植料长期过度干燥；或农药、肥料过浓，导致烂根 | 充分补水，叶面适量喷水，提高环境湿度；翻盆，如发现烂根，重新栽种 |
| 兰根往盆面上生长 | 长期浇水不透，下干上湿；或植料太粗太硬或过细板结，导致兰根无法下伸 | 浇水时浇透，避免浇半截水；换上疏松、透气植料 |
| 植株叶片聚集白粉状小虫，被害处形成黄斑 | 粉虱危害 | 粉虱以7~8月虫口密度增长最快，8~9月危害最重。应在这两三个月喷施噻嗪铜（扑虱灵）或噻虫嗪 |

| 常见问题 | 主要原因 | 解决措施 |
|---|---|---|
| 叶片失绿，叶背密布黄白色小点及细丝状物，严重时叶片枯死。仔细观察有体长不足1毫米的暗红色小虫 | 红蜘蛛危害。环境高温、干燥时易发 | 平时应注意清扫养兰场所，提高环境湿度。发现虫害时可选用三氯杀螨醇等杀螨剂 |
| 新苗生长变慢，萌发较多花芽，花朵"借春开" | 光照过强，植料经常过干，磷肥过多，促使新芽由营养生长转为生殖生长，导致兰株呈半休眠状态而提早开花 | 加强管理，保持植料含水量适当，避免过干，减少磷肥的施用，增加氮肥，缩小昼夜温差 |

四季养兰要诀

# 四、冬季养兰

冬季在室外栽培的兰花逐渐停止生长，进入半休眠状态，管理上开始进入了"冬不湿"的管理阶段，浇水应相应减少，省心省力得多了。但是，防御冬寒、培育壮芽的工作还是必须跟上。冬季养兰的主要工作是：御寒防冻、适控水肥、增光控湿，及时通风。

## （一）御寒防冻

虽说兰花能适应比较寒冷的天气，但它也有一定的耐受极限。如气温降到 -10℃，不用多久，所有的兰花都会受冻害而伤亡。蕙兰最不怕冷，可以短期耐受 -8~-6℃的严寒；春兰次之，可以忍受 -4~-2℃的低温；建兰与寒兰的抗寒性比较差，气温降至3℃以下就可能影响生长；墨兰的抗寒性最差，气温降至5℃以下就会对兰苗或花箭造成伤害。当兰花达到耐寒的临界点时，虽然暂时不会显现出明显伤害，但是兰花的生长发育已受到影响。所以冬季兰花应该及时入室，严防霜打雪侵。如能将养春兰与蕙兰的兰园温度控制在0℃以上，将养建兰、墨兰的兰园温度控制在3℃以上，就可以确保兰花安全越冬了。

一般家庭养兰，可利用封闭阳台越冬。如果兰盆数量不多，冬季也可以将兰盆放在室内的窗台等光线良好的地方，也可以自己制作玻璃小温室，用于冬季养兰，以方便管理。如果养的兰花较多，则可利用屋顶、庭院等地搭建保温兰室，或购买现成的框架式小温室，让兰花安全越冬。无论采用何种方法来防寒，最好在养兰的地方摆放一支温度计，以便随时掌握温度的变化情况，及时采取防

家庭养兰，可利用封闭阳台越冬

阳台自制小温室　　　　　　　　　温室是兰花越冬的理想场所

寒措施。

　　兰花最理想的生长温度为 25~28℃，如有条件建立恒温温室，从晚秋到初春，兰花还可多发 1 次芽。兰室加温，白天温度应控制在 25~28℃，晚上温度应控制在 15~20℃，形成 5~13℃的温差，更有利于兰花的发苗成长。如果所配备的设施功率不足，在冬天严寒时达不到要求，也要尽量保持白天温度不低于22℃，夏天不高于 33℃；否则就应及时更换功率跟不上的设备，以充分发挥温室的优势。

　　必须十分注意的是：使用空调时，一定要同时启用增湿机，并将空调的出风口向上，不能直接吹向兰花，最好用电风扇将空调风打散。如将空调风向上吹，对面再配风力适当的电风扇背向吹，这样就可以形成左来右往的循环流通，营造出一个仿自然的良好环境。

　　冬季晴天阳光强烈时，正午的温度会快速上升。当室温升到 28℃以上时，应暂停加温设备，适度打开通风窗，开启电风扇，让其自然散发部分热气，到下午 3 时左右再关窗加温。

　　有的兰友喜欢在元旦前停止加温 1 个月，维持室温不低于 0℃，有意让兰花顺应自然规律，增强抗逆性，抑制病菌害虫的繁殖，这也是一种较理想的管理方法。

　　有的兰友为了节省成本，用单只煤气灶点燃加温，在 100 米$^2$的大棚，每天早晨与傍晚各开 2 小时，既提高了兰室的温度，又加大了空气中二氧化碳的含量（晚上兰花因呼吸作用吸收氧气，故不宜点火），有利于兰花光合作用，据说效果较好。但在使用中应注意安全，小心操作人员煤气中毒。

由于温室保持较高的温度，部分病虫还会侵害兰花，因此每月最好进行1~2次病虫害防治，以控制病虫害的发生与蔓延。

需要指出的是，自然环境栽培的兰花进入温室采取冬季加温措施后，第一年效果特别好，一年能发2~3次苗，发出的苗也健壮。但从第二年开始长势就逐渐减弱，再往后就与自然条件莳养的生长速度差不多了。所以，最好是能够室内与室外轮换栽培，初冬（11月中下旬）进温室莳养，温室内过两个冬；到第三年清明再出室进行自然环境栽培，自然环境过一个冬；再进温室栽培……这样可防止兰株长势弱化。

温室栽培的兰花不宜在高温或低温的季节转出室外，应在室内外温湿度基本一致的春暖时期或中秋以后再搬出室外，以利兰花适应新的环境，以免因环境突然变化而致病。

# （二）适控水肥

## 1. 适时浇水

兰谚曰"冬不湿"，主要是指冬季植料不宜过湿。有人片面地理解为冬季的兰花不用浇水，盆面干裂也不管，致使兰花根伤、芽伤。其实，冬季兰花尽管进入了半休眠状态，但植料中的叶芽与已出土的花蕾都仍在缓慢生长，兰株新陈代谢也在缓慢地进行，仍然需要适当的水分。特别是养在室外自然环境中的兰花，如果久不浇水，植料过干，一旦遇到寒流，"燥冻"的伤害将比"湿冻"严重得多。所以说，冬季适时浇水非常重要。

冬季植料可稍偏干，以"二三分干"［即盆面下盆高（2~3）/10处转干色，相当于浅盆2~3厘米、深盆3~4厘米处转干色］时最宜兰花生长，"三分干"（即盆面下盆高3/10处转干色，相当于浅盆3厘米、深盆4厘米处转干色）时就应该浇水。最多不能超过"四分干"（即盆面下盆高4/10处转干色，相当于浅盆4厘米、深盆5厘米处转干色）。自然环境栽培，每隔4~5天浇水1次即可。室内栽培，因通风与湿度条件不一，应视具体情况而定。冬季不宜傍晚浇水，因为夜间的温度急速下降，水容易冻结而伤害兰花的肉质根。所以在冬季的夜晚，最好不要有积水残留在盆内，浇水应该在上午10~11时最为适宜。当寒流袭来，全日气温都处于0℃以下时，应暂停浇水，待气温回升到8℃以上时再浇水。

浇水用水的温度最好和气温不要相差太大。如果相差很大，则应将水贮存在兰室中一段时间后，待水温与气温基本接近时再行使用。在严冬时期，如水温能较气温高出2~3℃则更为理想。

### 2. 施好越冬肥

入冬以后，气温降到8℃左右，兰花就进入了半休眠期，叶芽基本上停止了生长，但花蕾仍在缓慢地壮大，假鳞茎也在继续积蓄养分。冬季低温时期，兰花新陈代谢十分微弱，一般不再施肥。但是，在进入寒冷期前施好越冬肥十分必要。越冬肥宜在霜降后立冬前施用，最好施有机肥。如在一年中的深秋与入冬前后各施1次有机肥，能增强兰株的抗逆性，减少病害的发生，同时有利于来年育出壮芽。古人常在深秋至初冬时用蚕沙或兔粪施于盆面以下2厘米处，称之为"雍缸沙"。也有人用草木灰浸出液50倍液，再掺腐熟肥100倍液，在寒露至立冬期间浇施1次，效果也比较好。现代兰园常用奥妙肥等颗粒缓释肥在越冬前减半量施用，春暖后再按常用量补施，也有较好的效果。但是，施越冬肥时要注意，对那些弱苗、病苗，或者已孕蕾的兰株，应少施或不施，以免肥伤倒苗。

施过越冬肥后，露天环境栽培的兰花在整个冬季就基本上不用再施肥了。

为了防止冬季花蕾僵化，应尽量少翻盆、少移位。对于打算明年见花的春兰与蕙兰，必须在冬季经过至少1个月0~5℃的低温期。特别是蕙兰，要想来年见花更需要"冬炼春化"，冬季的低温不仅对兰花已形成的花蕾有促长促壮的作用，而且对假鳞茎上的芽眼在第二年分化成花芽有着重要作用。

## （三）增光控湿

冬季要善于利用阳光。冬天的阳光比较柔和，所以是否避光已不重要。只要室外温度在25℃以下，都不会出现灼伤叶片的情况。冬天的阳光不但对假鳞茎的充实有很大的帮助，而且对于翌年春天兰株的生长和繁殖大有益处。自然环境中的兰花大多生长在落叶树林中，冬季这些树基本上只留下光秃秃的树干，兰花接受的光照量达到80%左右。所以冬季的上午可让兰

冬天阳光柔和，可让兰花多接受阳光（陆明祥供照）

花充分接受阳光的照射；当中午阳光最强烈时可以拉上遮阴率50%的遮阳网遮阴；午后空气会越来越干燥，最好能避免西晒。

兰花需要的光照强度为12000~15000勒。如果室内栽培的兰花光照不足，可采用60瓦的白炽灯或10瓦的节能灯，每平方米装配1只，每天照明10小时左右，以满足兰花光合作用的需要。

冬季植料湿度应控制，避免过湿而烂根。温室可将空气相对湿度控制在白天60%~70%、晚上70%~80%。不密封的兰棚湿度较难掌握，可以定时在地面洒水。兰棚中保持一定的空气湿度，能使兰叶润泽光洁，可避免出现叶片焦尖和干燥失光的现象。

## （四）及时通风

通风透气是养好兰花的必要条件。冬季在室外栽培的兰花不需要人工通风，但室内栽培的兰花在注意保温的同时，特别容易忽略通风的问题。通风主要指的是养兰环境的空气流通，透气主要是指养兰的植料疏松而不板结，在植料的颗粒之间能贮存一定的空气。兰花的原生地是在深山幽谷之中，自然环境条件优越，地上山风徐来，地下土质疏松透气，所以兰花长得根旺叶盛。

冬季养兰，应做好如下通风工作。

（1）冬季兰花入室以后，必须在天晴日暖（气温达15℃以上）之时适当开窗通风。温度低时开窗稍小一点；温度升高后，再适当开大窗户，增加通风量。傍晚气温下降后，及时关上窗户。当兰室的通风与保持温湿度

冬季天晴日暖时，要适当开窗通风（陆明祥供照）

有冲突时，在不至于冻伤兰花的前提下，应以通风透气为主。

（2）如室内通风不足，可以将电风扇调到小风量运转。白天气温高时，开大窗户，加大电风扇转速或增加开启台数；阴雨天与晚上气温低时，减慢电风扇转速或减少开启台数，促使兰室中的空气适度流动。此外，也可以定时开启排风扇，每隔2小时排风3~5分钟。

（3）兰盆摆放不要过密，以盆与盆之间兰花的叶片不触碰为度。最好相邻兰盆叶片间能留5~10厘米的距离，以利植株间的通风。

（4）如在封闭阳台养兰，空气易浑浊，冬季不宜久闭门窗，每天中午气温较高时应打开窗户通风，让兰花呼吸新鲜的空气。

## （五）冬季兰花常见问题及解决措施

表4　冬季兰花常见问题的主要原因及解决措施

| 常见问题 | 主要原因 | 解决措施 |
| --- | --- | --- |
| 花蕾腐萎 | 植料过湿，或浇水时水浇入花蕾内 | 保持植料稍润即可；浇水时沿盆边缓浇，避免水滴注入花蕾 |
| 叶背出现大块紫斑或褐色斑，叶面仍为绿色 | 叶片受寒风、冷霜侵袭造成冻害 | 注意做好防冻保温工作。适当控水，增施钾肥，少施氮肥，可提高植株抗寒性 |
| 翻盆时见白色空根 | 冬季长时间控水且受冻，造成兰根失水坏死 | 兰株半休眠期仍应适当补充水分，以满足植株正常生理需要 |

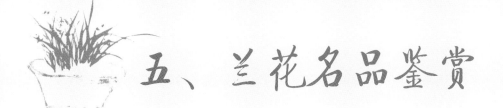

# 五、兰花名品鉴赏

## （一）荷瓣

外三瓣短圆、收根放角，蚌壳捧，短圆舌。此类花以花形端正大气、中宫圆正、色泽清纯或艳丽为好。

春兰神话（吴立方供照）

春兰中华明珠

春兰粉荷

春兰美芬荷（陈海蛟供照）

春兰万青荷（吴立方供照）

莲瓣兰红荷

莲瓣兰麒麟荷

莲瓣兰云熙荷

春剑感恩荷（杨开供照）

蕙兰祥荷

建兰君荷

墨兰亨荷（杨开供照）

## （二）梅形荷瓣

初看像梅瓣，按瓣形标准其实是荷瓣。此类花形比较少见，别有风韵。

莲瓣兰天荷

## （三）荷形

外形似荷瓣，收根放角，但外三瓣稍长，或唇瓣下挂、后卷，够不上荷瓣标准。品位逊于荷瓣。

春兰中华丽荷（吴立方供照）

春兰秀荷素

莲瓣兰甸阳金荷（杨开供照）

春剑兴荷

蕙兰美唇荷

墨兰红荷

## （四）梅瓣

外三瓣收根紧边圆头，捧瓣雄性化，兜深而起白峰，唇瓣内含或舒而不挂。此类花以花形端正，外瓣短圆、平肩，捧瓣白峰明显，色泽清纯或艳丽为好。

春兰集圆

春兰暨阳梅（吴立方供照）

春兰海晨梅（吴立方供照）

春兰咏春梅（吴立方供照）

春兰奇珍梅

春兰定新梅

春兰廿七梅

莲瓣兰点苍梅（杨开供照）

春剑天府红梅

春剑梅之冠

春剑皇梅

蕙兰元宵梅（吴立方供照）

蕙兰陶宝梅（吴立方供照）

蕙兰端梅（陆明祥供照）

蕙兰程梅（品芳居供照）

蕙兰老蜂巧（卢秀福供照）

建兰红一品（刘振龙供照）

## （五）荷形梅瓣

外三瓣明显收根放角，整体形态极具荷瓣之风韵，但捧瓣雄性化明显，达到梅瓣标准。这类花端庄大气，欣赏价值极高，品位要高于一般梅瓣。

春兰孔雀梅

春剑小红梅

蕙兰鑫梅

建兰青神梅（小农供照）

## （六）水仙瓣

　　外三瓣与唇瓣有多种形态，外三瓣较狭长，捧瓣轻度雄性化，微兜或稍有白峰。也有的外三瓣微飘，称飘门水仙。这类花以平肩端庄或灵动秀气为好，色泽以清纯或艳丽为佳。

春兰西神梅（品芳居供照）

春兰逸品

春兰兰溪水仙

春兰绿谷飘仙

春兰新春梅

春剑仙桃梅

蕙兰长乐之光

蕙兰不羡仙（陆明祥供照）

建兰老彩仙（沈细川供照）　　　　　墨兰新品（魏昌供照）

## （七）荷形水仙瓣

花形整体像荷瓣，但捧瓣为轻兜，唇瓣比梅瓣稍长，或铺或微卷，按瓣形欣赏标准属水仙瓣。此类花端庄大方，品位要高于一般水仙瓣。

春兰瑞荷（杨开供照）

春兰宁波水仙

春兰铁嘴玉梅

蕙兰翠丰（吴立方供照）

蕙兰忘忧（吴立方供照）

蕙兰荷仙极品（陆明祥供照）

蕙兰红唇梅

建兰宜宾荷仙（黄光其供照）

建兰中华水仙（沈细川供照）

## （八）百合瓣

五瓣皆向后翻卷，且比飘门水仙后翻更明显，有如百合花形态，故称百合瓣。这类花以瓣宽色佳、活泼灵动为佳。

春兰巧百合

春兰绿波

春兰玉蟾

春兰百合皇后

蕙兰宜云（吴立方供照）

蕙兰朵云（卢秀福供照）

四季养兰要诀

蕙兰金祥云

蕙兰浪花（吴立方供照）

蕙兰涌金（吴立方供照）

寒兰碧玉百合（温建龙供照）

# （九）奇花

　　凡一朵花中花瓣数量超出五瓣，唇瓣超过一枚，或花瓣形态明显不同于正常花，皆称为奇花。此类花以瓣多、布局对称性强、整体形态大方或奇巧为佳。

春兰庆云奇蝶（多朵蝶）

春兰乌蒙牡丹

春兰天彭牡丹

春兰盛世牡丹

春兰吉祥瑞狮

春兰彩虹蝶

春兰锦绣中华

春兰华鼎牡丹（卢秀福供照）

春兰红宝莲

春兰草堂奇蝶

春兰江南牡丹（陆明祥供照）

春兰春色

春兰紫观音

春兰飞天凤凰

春兰天龙奇蝶（陆明祥供照）

莲瓣兰国色天香（李映龙供照）

莲瓣兰锦上添花（胡钰供照）

春剑雪山蝶莲

春剑五彩麒麟（胡钰供照）

蕙兰翠牡丹

蕙兰华馨牡丹

蕙兰好运牡丹（吴立方供照）

蕙兰奥运菊（陆明祥供照）

蕙兰天娇牡丹

四季养兰要诀

蕙兰东方雄狮

蕙兰紫砂星（吴立方供照）

蕙兰绿牡丹（吴立方供照）

建兰富山奇蝶

墨兰玉莲花（魏昌供照）

墨兰粤东之光（魏昌供照）

寒兰奇花新品（刘振龙供照）

## （十）蝶花

　　蝶花指的是花的副瓣或捧瓣出现蝶化（又称唇瓣化）现象，副瓣蝶化的称外蝶，捧瓣蝶化的称蕊蝶，五瓣完全蝶化的称全蝶。此类花以蝶化范围大、色泽艳丽、形态大方或奇巧为佳。

春兰虎蕊（卢秀福供照）

四季养兰要诀

春兰娇美人

春兰大元宝

春兰中华双娇

春兰佛珠（陆明祥供照）

春兰福星蕊蝶

春兰豹蝶

春兰盛世蕊蝶（卢秀福供照）

春兰台州彩蝶

春兰盖圆蝶

春兰大龙胭脂

春兰大唐凤羽

春兰黄猫

春兰蕊晶（陆明祥供照）

春兰花蝴蝶（吴立方供照）

春兰天地金星

春兰闻香蝶（吴立方供照）

春兰凤冠（胡钰供照）

春兰大林荷蝶（陆明祥供照）　　　　　春兰剑龙奇蝶

春兰幻景

莲瓣兰满江红

莲瓣兰玉兔彩蝶（胡钰供照）

莲瓣兰星光灿烂（杨开供照）

莲瓣兰剑阳蝶

春剑桃园三结义

蕙兰丽蝶

蕙兰南林蕊蝶（陆明祥供照）

蕙兰鼎红蕊蝶（吴立方供照）

蕙兰中华玉荷蝶

蕙兰华东翠蝶

建兰三星蝶

建兰吹吹蝶（胡钰供照）

墨兰金馥翠

建兰宝岛仙女（林圣洲、郑为信供照）

墨兰蝶花

寒兰缘蝶

## （十一）色花与素心花

色花指的是花朵颜色不同于寻常的绿色，而呈现醒目的红、粉、黄、白、紫等色彩。其中，一朵花呈现两种色彩的，称复色花。素心花则指全花或仅唇瓣色泽纯净，没杂色斑。如果色花或素心花同时具有荷瓣、梅瓣、水仙瓣或奇花的瓣形，那就是稀世珍品，观赏价值大大提高。

春兰和氏璧

春兰皓月（陆明祥供照）

春兰霸王荷素（吴立方供照）

春兰碧云娇

春兰金泉（吴立方供照）

春兰月佩素

春兰包公魂（胡钰供照）

莲瓣兰永怀素（杨开供照）

莲瓣兰如意素荷（胡钰供照）

莲瓣兰小龙女（胡钰供照）

春剑素荷（胡钰供照）

春剑红霞素（杨开供照）

蕙兰帝王素（吴立方供照）

蕙兰贵妃醉酒（吴立方供照）

蕙兰鸡尾酒（陆明祥供照）

蕙兰佳和白云（陆明祥供照）

蕙兰中透艺花（陆明祥供照）

蕙兰胭脂（吴立方供照）

建兰雪白花（刘振龙供照）

建兰大唐宫粉（沈细川供照）

建兰国魂

建兰赤诚（王秉清供照）

建兰满堂红（沈细川供照）

建兰市长红（郑为信供照）

建兰大凤素出艺（刘振龙供照）

建兰韩江春色

建兰红娘（魏昌供照）

墨兰潮州素荷（黄荣汉供照）

墨兰素荷（刘振龙供照）

墨兰初晓（温建龙供照）

墨兰喜庆仙子（魏昌供照）

墨兰大声锦（魏昌供照）

寒兰绿苔素（杨和平供照）

寒兰兄弟情（杨和平供照）

寒兰紫唇

寒兰南国红梅（杨和平供照）

寒兰一品红（杨和平供照）

## （十二）科技草

近些年，一些通过人工杂交培育出的兰花新品种陆续登场亮相，使得平静的兰界顿起波澜，众说纷纭。这些杂交选育的新品种，兰友们称为科技草。

对于科技草的出现既不必惊慌，也无须排斥。科技草的选育也并非易事，选育周期特别长，投入成本非常大，而育出好花的概率却不高。目前科技草的市场价位仅是下山兰新品的 1/10 左右，这对于"让兰花早日走进寻常百姓家"的愿景意义重大。

笔者认为，兰花的欣赏不重"出身"，而重美感。只要香气醇正、花品优雅、价廉物美，则无论其选育方式，都同样能登大雅之堂，同样能令人赏心悦目，同样能起到美化生活的作用。如能够以较低的价格购得自己梦寐以求的珍品，那岂不是美事吗！然而，必须注意的是，对于科技草的流通务必持科学求真的态度。其售者应当实事求是，购者也需要认真鉴别。

从现在上市的科技草来看，多数科技草的特征是：草气强健，叶厚骨挺，花大出架，常有双花，有不少花品带有父母亲本的韵味。

金碧梅

万秀梅

七景梅

凌字

绿馨梅

杂交新品

和神梅

美唇梅

富贵荷

四季养兰要诀

和雪梅

杂交新品

艳阳梅

荷鼎梅

杂交新品

和祥梅

丹唇梅

和景梅

杂交新品

杂交新品

大富贵中透

杂交新品

杂交新品

杂交新品

奇梅

杂交新品

贺圆梅

杂交新品

福临门

黄蝴蝶

九仙牡丹

彩梅

三元荷鼎

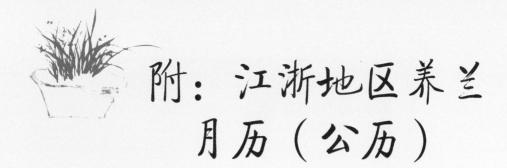

# 附：江浙地区养兰月历（公历）

### 1月：1月严寒多见阳，预防冰冻少开窗。

如室内没有加温设备，白天室温只要控制在5~30℃即可，晚上最低降到0℃也无妨，尽可能保持最低温度在0~5℃，以便花蕾充分发育。最好能让阳光透过窗玻璃或阳光板照入兰室，尽量让兰花多接受阳光。孕蕾的兰花应置于光线较弱的地方，以确保叶与花美观。室内七八天浇1次水，但也要防止植料过干，达"三四分干"时即应浇水。兰室空气相对湿度宜维持在55%以上。过干燥时，如没有加湿器，早晚可以喷些水。此时兰花处在半休眠期，不用施肥。

### 2月：2月天寒不出房，春花开后勿留长。

2月中旬以后室内应增加光照量，保持最低室温8℃，尽量多给阳光。每5~7天浇1次水，注意植料不超过"四分干"。室内空气相对湿度最好保持在55%~75%，干燥时早晚喷水。此时芽眼开始萌动，下旬可浇1次2000~3000倍稀释液肥（如花宝2号、5号等），预防性地喷洒1~2次杀菌剂。避免兰花直接与外界冷风接触。以育苗为主的兰株或弱苗，应在开花1周时剪掉花秆。

### 3月：3月升温勤透风，适时分株防病虫。

3月气温有所回升，春兰花期进入尾声，蕙兰花蕾逐渐进入排铃期。兰株生长开始加快，仍应增加光照量。3月下旬，外界气温进一步上升，因而要时时注意室温。室温28℃时应打开天窗或窗户，适当降温，避免突然高温闷伤兰花。增加浇水次数，植料"三四分干"时即可浇水。每月浇1~2次1500~2000倍稀释液肥（如花宝2号、5号等），适当喷施2~3次催芽肥（如兰菌王、植全、喜多兰等）。病虫害开始出现，喷洒1~2次农药防病治虫。兰室保持一定湿度，及时通风透气，防止温度过高。下旬可以开始分株。

### 4月：4月日暖可出房，慎防狂风避西晒。

清明后可将兰花搬至室外，置于通风与光照较好的地方。此时一般白天温度不超过30℃，夜间10℃左右。但因天气变化大，如西北风狂刮，气温急剧下降，应挂帘遮避。掌握"早受阳，午遮阴，避西晒"的原则。上午给予充足的阳光，而中午气温升至20℃后，用遮阳网适当遮阴，避免让西斜的太阳照射兰株。蕙兰开始放花，应及时剪去花秆，以保证营养供应植株。增加浇水次数，但不宜过湿，掌握在植料"二三分干"时浇水，浇则浇透。注意通风透气，保持空气相对湿度70%~80%。浇2~3次1000~1500倍稀释液肥（如花宝2号、5号等）。注意预防病虫害，喷洒两次农药杀虫防菌。必要时蕙兰与建兰可以进行分株。

### 5月：5月兰花最好养，通风透气草不伤。

5月气温最宜兰花生长，全部兰花都可以在室外栽培，但应注意加盖遮阴率50%的遮阳网；而封闭兰室应特别注意通风，保持不高于30℃的温度。上午10时前可以充分给予晨光，避免10时后强光照射。兰花开始进入生长旺盛期，增加浇水次数，掌握植料不超过"二三分干"，避免过于干燥而伤新芽，应特别注意保持空气相对湿度75%左右。只要注意通风，避开久雨，大雨淋盆也无妨。施2~3次稀释1000~1200倍的花宝2号或5号等。注意预防病虫害，每月喷洒2~3次杀虫剂、杀菌剂（为减少工作量，可将适于混合的杀虫剂、杀菌剂混合喷施）。随着气温逐日增高，注意适时结束分株工作。

### 6月：6月骄阳初发威，遮阴防湿渡难关。

温度越来越高，装好通风设施和遮光设施，保持兰棚通风良好，避免强光伤害兰花。保持遮阳网遮阴率50%~75%（叶艺兰遮阴率75%以上）。春兰于6月中旬左右进行促蕾。进入梅雨季节后，要注意不干不浇，让植料稍偏干燥，不至于过湿。浇水时防止新芽叶心积水。如不慎将水或肥液浇入叶心，可用毛笔吸干。进入梅雨季节后，一般不必采取加湿措施，过湿易发生病虫害。浇稀释 1000~1500 倍的花宝 2 号或 5 号等 2~3 次，施肥时间应选晴天早晨或傍晚。喷洒 3~4 次杀菌剂、杀虫剂。特别注意兰棚通风，以免盆内及周围环境过湿。避免中午浇水，以免叶片焦尖或产生黑斑。

### 7月：7月炎炎似火烧，控肥足水壮新苗。

7月开始进入高温季节，注意保持遮阳网遮阴率 75%~90%（叶艺兰遮阴率 80% 以上）。每 1~2 天浇水 1 次（早晚），掌握植料不超过"二三分干"，保持空气相对湿度 60%~80%。蕙兰可采取"扣水"、晒盆等措施促蕾。减少氮肥施用量，适当施磷钾肥（如磷酸二氢钾与花宝 3 号等），以促进花蕾发育。此时正是新苗育壮期，可施 1~2 次含钾较多的花宝 4 号，促进假鳞茎壮大。喷洒 2~3 次杀菌剂、杀虫剂，加强通风，防止高温危害。

### 8月：8月头热尾渐凉，防暑降温勿大意。

高温季节，要做好防暑降温工作。如有降温设施，白天保持 28~30℃，夜间保持 18~20℃。保持遮阳网遮阴率 75%~90%（叶艺兰遮阴率 80% 以上）。宜在晚上 20 时后或凌晨 6 时前浇水，空气相对湿度调节到 60%~80%。少施肥，可叶面喷施 1~2 次磷酸二氢钾或花宝 5 号，以补充养分。喷洒 2~3 次杀菌剂、杀虫剂。加强通风，注意空气流通。

### 9月：9月中秋露渐浓，增施磷钾育花蕾。

进入秋天高温干燥季节，保持白天气温不超过 30℃，夜间气温不超过 22℃。可给予 7 时前的晨光，此后保持遮阳网遮阴率 75%~80%。植料以不超过"二三分干"为度，浇水要浇透。保持空气相对湿度 60%~80%。中下旬之后，天气变凉，可浇施 1~2 次磷钾肥育蕾。古人常在此时用草木灰浸汁，稀释后浇灌兰盆，以促壮兰苗。喷洒 2~3 次杀虫剂、杀菌剂。中下旬最高气温降至 25℃以下后，可进行分株。

**10 月：10 月寒露始转凉，分株翻盆防蕾伤。**

10 月温度适于兰花生长，可不必采取特别的调温措施。上午 9 时前可给予充足的阳光，之后保持遮阳网遮阴率 50%~75%。植料"一二分干"时浇水，以早晨浇为好，浇则浇透。深秋的空气特别干燥，保持空气相对湿度 60%~80%。除了刚分株和孕蕾者外，可施 1~2 次氮磷钾较均衡的肥料，最好施有机肥，以促壮新苗。施用 2 次杀虫剂和杀菌剂，预防病虫害。此时是分株的好时机，因天气将转冷，翻盆宜早不宜迟。有花蕾的兰丛最好不要分株。

**11 月：11 月天气渐转寒，植料偏干慎防寒。**

秋末冬初，气温下降。下旬保持遮阳网遮阴率 50% 即可。有条件的兰室，白天气温可保持 20~28℃，夜间保持 10~15℃。空气相对湿度掌握在60%~70%。宜待植料"三四分干"时再浇水，但必须注意不要超过"五分干"，过干则伤兰。以上午浇水为好。如深秋未施冬肥，可在月初抓紧施一次冬肥。气温下降到 8℃以下，兰花开始进入半休眠期，不需要再施肥。月初可进行最后一次杀虫杀菌工作。注意天气预报，如气温突降，应做好防寒防冻工作。

**12 月：12 月入室避寒害，盆干午时再浇灌。**

建兰、墨兰、寒兰等抗寒能力差的种类，应在最低温度接近 6℃时就搬入兰室，或加盖薄膜保温防寒。春兰、蕙兰可在最低温度接近 3℃时入室或盖棚，以防霜冻。阳台养兰应将兰花置于朝南向阳处越冬，但须避开烟熏。养兰环境的最低温度不低于 6℃，兰花即可安全越冬。如有加温设备，保持气温在白天15~28℃、晚上 8~15℃，兰株还能够继续生长。上午应让兰株接受阳光，中午时分保持遮阳网遮阴率 50%。植料"三四分干"时，在晴天中午浇水。浇水时注意不要让水溅到花蕾上。恒温温室空气相对湿度可保持在 60%~80%，简易大棚空气相对湿度可保持在 55%~60%。停止用肥。中午时分温度过高时应及时通风，但须避免冷风直接进入，确保兰花安全越冬。